驯服咆哮的狮子

4步搞定关键冲突

［加拿大］丹妮·博利厄 —— 著
韩双　李楠 —— 译

中国水利水电出版社
www.waterpub.com.cn
·北京·

内 容 提 要

本书围绕着怎样用最优方式平息与同事、朋友、邻居，以及伴侣、父母、儿女等周围人的纷争这一主题展开。作者设计的解决方法分为4个步骤，用以消除充满恶意的争吵，让痛苦和怨恨烟消云散。跟着本书了解人们遇到冲突时的常见反应、心理状态和防御机制，学会用合理的方式、有效的技巧处理冲突、改善关系。

图书在版编目（CIP）数据

驯服咆哮的狮子：4步搞定关键冲突 ／（加）丹妮·博利厄著 ；韩双，李楠译. -- 北京：中国水利水电出版社，2022.8
  ISBN 978-7-5226-0858-7

Ⅰ．①驯… Ⅱ．①丹… ②韩… ③李… Ⅲ．①认知心理学 Ⅳ．①B842.1

中国版本图书馆CIP数据核字(2022)第125644号

Originally published in French (Canada) under the title: Gérer ses différends et ses différences
© 2021, Éditions de L'Homme, division du Groupe Sogides inc. (Montréal, Québec, Canada)
Chinese Translation (simplified characters)
© 2022, Beijing Huazhang Tiancheng Culture Communication Co. Ltd
Edition arranged through Dakai L'agence

北京市版权局著作权合同登记号：图字 01-2022-2965

书　　　名	驯服咆哮的狮子：4步搞定关键冲突 XUNFU PAOXIAO DE SHIZI: 4 BU GAODING GUANJIAN CHONGTU	
作　　　者 出 版 发 行	［加拿大］丹妮·博利厄 著　韩双 李楠 译 中国水利水电出版社 （北京市海淀区玉渊潭南路1号D座　100038） 网址：www.waterpub.com.cn E-mail：sales@mwr.gov.cn 电话：（010）68545888（营销中心）	
经　　　售	北京科水图书销售有限公司 电话：（010）68545874、63202643 全国各地新华书店和相关出版物销售网点	
排　　　版 印　　　刷 规　　　格 版　　　次 定　　　价	北京水利万物传媒有限公司 河北文扬印刷有限公司 146mm×210mm　32开本　8.75印张　166千字 2022年8月第1版　2022年8月第1次印刷 49.80元	

❖ 前 言 ❖

满足感并不来自成就，而是来自努力。全力以赴才能全面胜利。

——甘地

我学的是心理学，它从理论上指导人们如何处理复杂关系；作为一个心理学博士，我清楚地了解，处理个体之间的冲突需遵循一个原则：确保每个人都可以表达自己的观点，并愿意听取对方的意见。但没过多久我就发现，当双方的紧张关系达到顶峰时，这一原则往往会使情况变得更糟。只要其中一方发表意见，往往都是在诋毁或指责对方，随之而来的则是一连串的连锁反应，每个人都开始为自己辩护或反击他们的"对手"，最终"怨恨"赢得了这场争斗的胜利。这种方法有时会在无意中加剧而不是化解冲突，更不用说，采用这种方法可能会使冲突持续数月甚至数年。最终，冲突双方往往认为"它永远无法奏效"，只有放弃才是唯一的解决方案。

另一个在心理治疗领域广为人知的方法，即来访者通过治愈童年期创伤来摆脱人际关系方面的困扰，看起来很实用，但实际上，至少在短期内收效甚微。因为在尖锐冲突中的人们一般不会尝试通过重温过去的方式打破此刻的僵局。如果情况没有在短时间内出现好转，人们往往会放弃这个方法。

　　本书为解决这些问题提出了全新的方法与视角。它由四个层次分明的阶段组成，并适用于所有类型的冲突。该方法在任何情况下都能适用于所有年龄段的人士，并从一开始就会产生效果。每一阶段都必须成功完成，才能进入下一阶段。阶段的发展以0级到9级或10级阶梯状呈现，0级代表关系的最低值，10级则代表关系的涅槃（顺便说一句，10级就像北极星，它引导着我们，但我们却永远无法达到）。每个级别都有自己的症状和行为特征，这让我们可以轻松识别自己所处的位置，并针对不同级别提出不同的干预手段。这种结构有助于我们掌握适合的方法，并看到自己取得的进步。

　　该方法的独特性还在于，它关注的不是自己与对方之间发生的事情，而是自身在面对突发状况时的冲动反应和防御机制。因此，每个人都有能力向前迈进并改善自己的心理状态，不受对手反应的影响，至少在前几个阶段是这样。

　　下表概述了CREERAS计划。通过此表可以了解到每个阶段相对应的人际关系舒适度。

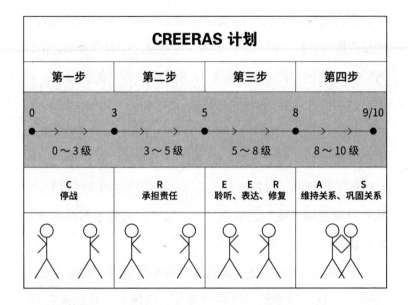

第一步：C❶——停战

　　第一阶段的目的是避免问题升级。假设，你正处在战争的狂轰滥炸中，你认为此时投资翻修你被损坏的住所是明智之举吗？等战争结束再做这件事不是更合适吗？人际关系也是如此，首要目标就是结束攻击。

　　第二、三、四章将帮助你成功完成这一阶段。在第二章

---

❶　译注：Cesser le feu (法语)。

中，你会发现，当你遇到争端和分歧的时候，你难以控制的冲动反应源自何处。出人意料的是，这些反应中有许多都是由远古的祖先传给你的，并寄存在你大脑中最古老的部分里。恐惧，是动物和人类在面临冲突对抗之时都会采用的一种策略，是让我们作为一个物种得以生存下来的力量之一，这种策略现今仍非常流行。第三章专门讨论这一策略，可以让你认识到恐惧的消极影响，以及将它从人际关系中彻底消灭的重要性。第四章则介绍了我们继承的另一个遗产：类似于七种动物的防御机制。

停战阶段的目的是在大脑发育的不同阶段中确定自己的"特性"，认识这些原始反应的起源，以便更好地拦截它们。在停战阶段，不仅不鼓励，甚至还需要禁止双方之间的交流。当冲突双方只会互相指责时，讨论又有什么意义呢？所以，应该把精力放在如何更好地控制本能冲动上，这样才能把人际关系舒适度从0级提高到3级。该阶段成功的标志是实现自我控制，而非亲近对方。因此，我把它总结为独善其身，而非考虑对方的反应如何。

第二步：R[1]——承担责任

第二阶段——往往也是最困难的一个阶段——是意识到自己在冲突中所要承担的责任。人类和动物一样，自带"雷达"，也就是说，他们的DNA中有一种倾向，即一旦发现潜在的危险，就立即将注意力全部聚焦在威胁上。这就解释了为什么在危机时刻重新审视自己会如此困难。假设，房间里有一条蛇，你会花多少精力来观察它？同样，在冲突中，我们会变得惊慌失措，只关注对我们有威胁的人，即可能会伤害我们的人。在这种情况下，重新控制本能反应并将注意力转移到自己身上，这一挑战的规模不容小觑。然而，正如不能同时看到一本书的正反两面一样，如果你只看到对方的错误，就不可能具备解决冲突所必需的客观性。准备好与你的本能做斗争吧！第五至七章将说明实现这一目标的重要性。在第五章中，你将了解情绪从何而来，以及你其实具备控制情绪的能力，不要被它们左右。在第六章中，你将了解到大脑是如何分析周围的现实状况的，你会发现认知受到一系列因素的影响，而这些因素往往会造成认知扭曲。第七章将为你提供一些实用的工具，帮助你认清自己的需求，了解对人际关系造成负面影响的因素。这

---

[1] 译注：Responsabiliser（法语）。

些意识的觉醒将把你的人际关系舒适度从3级提升至5级。需要注意的是，你自身状态的改善与对方无关。

第三步：E[1]——聆听；E[2]——表达；R[3]——修复

在第三阶段，冲突双方开始进行交流，为避免出现认知偏差，可以使用我提供的一些工具。在第八章中，你将了解到保持健康、有效沟通的方法。第九章将告诉你在保持良好的合作关系的同时，如何运用沟通技巧进行表达和倾听。在图书馆、书店和互联网上都有大量关于沟通方面的书籍。而冲击疗法的特点是富有创造性、功能多样、操作简单、积极活跃且"颇具影响"。相信我，你会在本书中发现惊喜的！本阶段的最后三章（第十、十一和十二章）将为你介绍关于修复人际关系、处理争端和分歧的策略。你可以从中选择最适合自己的方法。

上述三个阶段都是个人独立完成的。但是，如果想让人际关系舒适度从5级提升至8级，冲突双方必须合作。倘若对手拒绝和解，这段关系最高只能达到5级。虽然关系不能得到进

---

❶ 译注：Entendre（法语）。

❷ 译注：s' Exprimer（法语）。

❸ 译注：Réparer（法语）。

一步改善，但是你的舒适度不会受到影响。

第四步：A❶——维持关系；S❷——巩固关系

众所周知，在发生严重事故后，即使手术缝合了伤口，伤者也需要时间休息，接受必要的护理才能完全康复。然而，很少有人明白，在解决或平息冲突之后，如果我们真的想重修旧好并确保关系修复后能够保持稳固，还需要采取进一步的行动。第十三章将提供修复关系的后续"治疗"，在此过程中，你必须重新开始和他人一起工作、生活、分享，这样才能巩固关系。这是将人际关系舒适度从7、8级提升至9级需要付出的代价（因为这确实需要付出努力）。你会从中发现一些可以帮助你在人际关系中创造出魔力，同时防止新的冲突产生或旧的冲突卷土重来的新想法。

请注意，每一阶段的成功都是确保下一阶段取得成功的必要条件，由此产生"层次"的概念。在完成第一阶段时，即实现停战，参与者能够体验到成熟和尊严。他会发现，通过改变自己的态度，即使对方继续攻击，他的舒适度依然会得到提

---

❶ 译注: Alimenter（法语）。

❷ 译注: Solidifier la relation（法语）。

升；他也会逐渐意识到自己在调节心理状态和处理外在人际关系中所应承担的责任。当我们专注于自己，意识到自己内在表现出来的自动策略，意识到自己说过幼稚的话语或做过不成熟的行为时，我们就会想要去弥补，想要去建立以尊重为基础的沟通。如果已成功建立起一个良性沟通的基础，并且真正开始修复关系，那么参与其中的人自然而然地会期望去完善并巩固这段关系。因此，每一阶段的成功都将促进下一阶段的发展。

本计划的前提假设

1. 一段关系的质量不可能超越关系双方的成熟度，因此，应首先关注个体的成长，而非关系本身。

2. 控制我们的本能反应需要了解它们的起源并学习相关的新技能。

3. 当我们在前两个阶段中专注于自我而不是对方时，冲突虽不会自动解决，但会停止恶化。就像网球比赛，如果对手总不回球，另一方会从某一时刻开始感到厌烦而最终失去斗志。同样，每个人都有机会重新掌控自己的生活。

4. 任何关系的积极进展都取决于对自己的本能有最大控制力的一方、掌握最多关系技能的一方，因此重点在于提高技能。

5. 该计划并没有打算消除所有冲突。不过，它确实为参与者提供了宝贵的经验教训，让他学会如何更迅速地做出反应以摆脱僵局，不再是挑起冲突的一方。

6. 该计划并不能保证所有关系都能达到10级舒适度。事实上，任何人都很难达到10级！达到9级就已经很有挑战性了。创造关系上的魔力需要投入更多的时间和注意力，因此只有少数人能达到9级。

收获

■该计划旨在为某一特定情况提供有效的冲突解决方案，它还介绍了一些有用的知识，未来可用以应对任何人际关系方面的挑战。

■该计划可以作为调解员和个人的行为指南，它们对于商界、教育界以及个人生活（亲密关系、家人、朋友）都同样适用。

■由于每个阶段都有定义明确的症状和干预措施，任何人（成员或干预者）都可以衡量阶段的进展情况。

■每个阶段划分清晰，可以让我们很快识别出谁是问题的制造者，谁是问题的解决者。这样一来，停战阶段那些典型的指责就原形毕露了。把问题归咎于别人的人只会承认是自己缺少控制本能冲动的能力，而成功控制住本能反应的人则会主动承认自己对问题也负有责任。

■经历冲突的人可以迅速阻止其防御机制发挥作用，以更"先进"的反应取而代之。这样，他不仅可以大大减少在0～5级花费的时间，而且也不会再引发冲突。

■通过成功完成前两个阶段——停战和承担责任——即使冲突没有得到解决，该计划参与者也不会再受情境的干扰。内心的纠结，紧张的情绪，多少个不眠之夜，脑海中反复播放的可怕场面，一切都将消失不见！自控、谦逊、尊严和自豪将逐渐取代傲慢、敌意和怨恨。

■情商包括五个维度：了解自我、管理自我、自我激励、识别他人情绪和处理人际关系。CREERAS计划对这五个维度都可以产生积极的影响，从整体上提高个人的生活品质。

除了你自己，没有什么能给你带来平静。

——拉尔夫·沃尔多·爱默生

几点建议

认为只有通过改变对方才能让自己感觉更好或使情况得到改善，这种想法会是你前进路上的障碍。专注于自身的成长，结果会超出你的预期。

不要试图说服对方参与这项计划，你只需做好自己。口说无凭，只有改变才更能说明问题。

学习任何一种新技能，无论是一门语言、一件乐器，还是从事某种职业，都需要付出时间、耐心和努力。而掌握生存技能远比学会学校课程或技术要难得多。所以，对自己和他人都要有足够的耐心。

如果你认为自己是唯一经历过冲突的人，那么下面的内容会告诉你事实恰恰相反。在开启CREERAS计划之前，我们会对冲突在个人和职业生涯中所耗费的成本进行预估。成本非常高，不过第一章只会向你展示冰山一角，但应该足以说服你：在人际关系中投入时间和精力十分必要！

即使受到不公正的待遇，也最好忍受痛苦，克制一切报复行为，让人以他的耐心和宽容征服那些傲慢地冤枉他的人吧。

——《蒂鲁古拉尔》

目 录

前言 — *01*

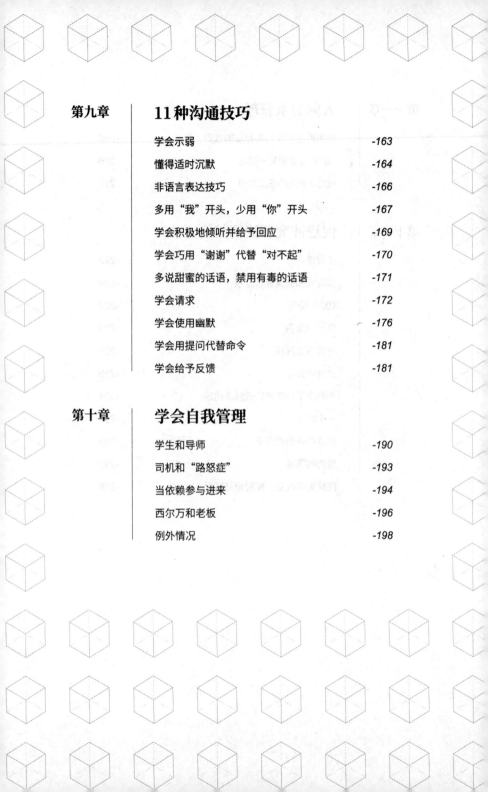

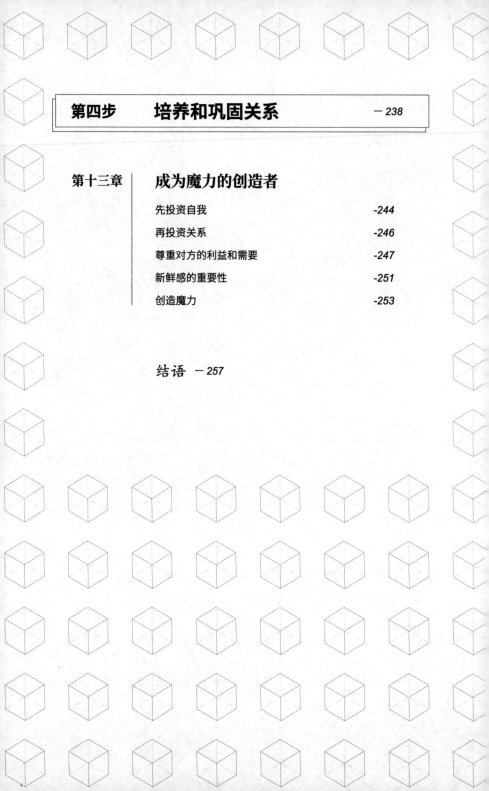

第四步　　培养和巩固关系　　— 238

根据对世界历史的分析，在公元前1496年到公元1861年这3357年间，人类有3130年在打仗，只有227年是和平的。

——扬·戈特利布·布洛赫

第一章

人际关系的成本与收益

你凭直觉认为生活在充满冲突的环境中的人，是否需要在经济、职业（或工作）、物质、家庭中的某一方面付出代价呢？抑或紧张关系对这些方面的负面影响都不太大？

保持健康、融洽和充实的关系是否具有可衡量的好处？它们能否起到预防抑郁症、心血管疾病，增强免疫功能甚至延年益寿的作用？

如果一个人完全不与他人交往，既不存在冲突，也没有人际关系，他是否生活在完美的环境里？这是不是理想的生活方式？

本章将试着找出包括上述问题在内的几个问题的答案。

关于冲突方面的研究非常广泛、数量众多。例如，大量有关压力方面的研究将压力与同龄人之间的紧张关系联系在一起；关于愤怒、犯罪、家庭暴力、欺凌、罢工和战争的科学文章也揭示了冲突的情况。但是本书撰写的目的并不是对它们进行全面的回顾，也不是为你提供与主题直接或间接相关的所有文献的完整总结，而是旨在向你展示人际关系对你整个生活的影响。若你把时间花在保养车子、房子上，这固然很好，但你会发现维护人际关系是你能做的最好的投资，因为它可以改善你和身边人的健康状况以及生活质量。就好比有一个大银行家在计算我们与他人的交往情况，并根据我们的处理方式进行奖惩。通过本章，你将了解到儿童、青少年、成年人如何受到人际关系质量的影响。或许你对职场发生的事更感兴趣？本章的第二部分将会探讨这个问题。读完下面的内容，你可能会成为一个预防冲突的行家，但让我们先谈谈冲突的普遍性吧。

冲突如此频繁吗

关于这个问题的答案是清楚而明确的：的确如此。在任何国家，不分年龄、性别、宗教和文化，冲突随处可见。这是人类普遍存在的问题。请你自己调查一下，看看你的周围：在你认识的人中有多少人可以自豪地说从未经历过冲突？让我们来看一组统计数据，以此作为参考。

首先看夫妻关系。据估计，在20世纪90年代结婚的夫妻中，离婚的可能性为67%。二婚的离婚率比初婚的离婚率高

10%～20%。我们能得出这样的结论：所有夫妻都是和平分手的吗？我对此表示怀疑！冲突往往是婚姻破裂的原因，有时还会持续一生。约翰·戈特曼说，在那些婚姻持久的夫妻中，超过一半的人是在将就和忍让中度过了几十年，仅有15%～20%的夫妻是真正长期生活在幸福婚姻中的。

2015年，魁北克省警方共记录了19406起针对配偶的暴力案件。

另一组统计数据也非常能说明问题。欺凌是人际交往能力缺失的一种表现。据加拿大健康研究所估计，加拿大至少有三分之一的青少年曾遭受过校园欺凌。而该研究所的另一组数据指出，在加拿大成年人中，有38%的男性和30%的女性声称，他们在上学时偶尔或经常受到欺凌。也许你认为欺凌只发生在小学和中学的孩子身上，那你就大错特错了！魁北克国家卫生研究院在2012年至2014年期间对4所大学的1925名学生进行的关于加拿大大学网络欺凌调查显示，24.1%的大学生在过去12个月内曾遭受过欺凌。网络欺凌行为包括多种形式（同一人可多选）：社交网络（55%）、电子邮件（47%）、短信（43%）、博客、论坛或聊天室（25%）。

另一方面，2014年美国汽车协会交通安全基金会的一项调查显示，在过去12个月里，80%的美国驾驶员在驾驶过程中表现出不同程度的"路怒"症状（数据来自其官方网站）。虽然这些数字显示的是美国驾驶员的情况，但无论是加拿大或是欧洲，情况应该都没有太大的差别。最常见的行为包括：

■ 跟车过近：51%；

■ 朝其他司机大喊大叫：47%；

■ 狂按喇叭表达愤怒：45%；

■ 做出一些表示愤怒的手势：33%；

■ 故意阻止其他车辆变道：24%；

■ 恶意超车：12%；

■ 下车与其他司机争执（4%）或故意冲撞他人车辆（3%）。

职场的相关统计数据同样触目惊心！欧洲的一家机构（OPP）和英国特许人事与发展协会2008年的一份研究报告显示：85%的员工曾经历过冲突，而其中29%的员工表示他们不得不"一直"或"经常"地处理冲突（数据来自其官方网站）。2010年，据环境医学研究所统计，在法国，每两个员工中就有一个曾与上司或同事因为权力关系发生过冲突。

加拿大心理测量学机构（Psychometrics Canada）对加拿大企业内部冲突的相关研究表明，99%的人力资源专业人士都在处理冲突。所有层级都会受到影响：领导者20%～30%的时间、一线员工和团队负责人39%的时间都用在处理争端和分歧上。

根据布赖恩·德哈夫的说法，在美国，2017年每名员工每周需耗费2.8小时来应对职场冲突（折合成工资相当于大约3590亿美元）。

如果上述几组统计数据已经让你觉得非常震惊了，那么请屏住呼吸，你还没见识到冲突的真正威力呢！

冲突对个人生活的影响

先说好消息还是坏消息呢？让我们从坏消息开始吧！这样，就能以好消息收尾了。

冲突对儿童和青少年的影响

研究表明，直接暴露于父母冲突中的儿童出现认知、情感、行为甚至生理方面问题的风险升高。父母冲突导致孩子产生自责和负罪感，无法控制自己的情绪。研究还表明，经常吵架的父母更有可能和孩子争吵。毋庸置疑，不能有效处理夫妻间冲突的父母，往往无法为孩子创造健康的教育环境，树立积极的榜样。

采用童年不良经历（ACE）调查问卷来评估童年期生活在充满冲突的环境下的危害是当下非常流行的一种做法。心理学家和其他社会心理工作者采用这个问卷对来访者进行评估。如果你想看完与之相关的所有研究，可能需要一个月的时间。因为研究不仅涉及生活在缺少安全感和关系紧张的环境中对个体童年期造成的负面影响，还包括对个体造成的短期、中期和长期的影响。人际关系紧张（频繁的父母纠纷，身体、情感虐待，遗弃威胁）在许多方面影响年轻人的发展。下图的童年不良经历金字塔是由文森特·费利蒂和他的合伙人于1998年创建的，帮助我们理解童年不良经历与风险因素之间的关系。

据研究人员估计，治疗童年创伤需要付出的间接成本高达数千亿美元。请你自己判断吧：

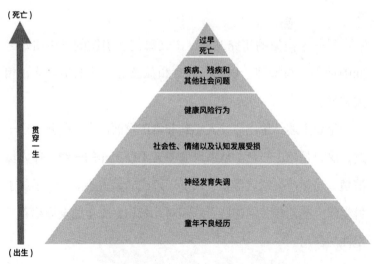

童年不良经历影响终身健康和幸福感的作用机制

■ 生理方面，童年不良经历高分与频繁的头疼、癌症、肺部疾病、肝脏疾病、心血管疾病和一系列慢性疾病，甚至死亡等健康风险有关。

■ 心理方面，对立关系和父母情感忽视会导致青春期以及成年时期出现药物滥用、酗酒、肥胖、自杀等高风险行为。还有证据表明，童年不良经历与青春期多次意外妊娠有关。

■ 对认知方面造成的负面影响同样也不容忽视。主要包括学习成绩下降、注意力不集中、语言表达困难、记忆障碍和精神问题。

■ 频繁的家庭冲突还会导致青少年出现一系列行为问题，如犯罪、攻击性行为或其他危险行为。这些数据也得到了其他研究人员的证实。

另一项类似的研究发现，由父母偏爱引发的兄弟姐妹之间的冲突，与抑郁、焦虑、敌意和孤立等症状的出现成正相关关系。

尽管上述结论已经让人感到非常沉重而沮丧，但我再说一遍，这只是冰山一角。从事家庭冲突干预工作的一线工作人员清楚，虽然冲突对自尊和个人发展造成的诸多影响一直不属于科学研究的范畴，但这些影响却对儿童和青少年的发展起着决定性的作用。

冲突对成年人的影响

不用对这个问题做深入的研究就可以发现，成年人需要为人际冲突付出巨大的代价。关于这个领域的研究多种多样。一言以蔽之：到目前为止，你所读到的对儿童和青少年身心健康影响的所有研究内容都在不同程度上适用于成年人。

在成年人身上表现尤为突出的一点是：愤怒是对心脏危害最大的负面情绪。极度愤怒的人患心血管疾病的可能性是情绪平稳的人的3倍。长期生气的人，无论是将情绪发泄出来还是压制下去，患心肌梗死的风险都增加了6.4倍。发表在《欧洲心脏杂志》上的研究结果表明，人在极度愤怒时罹患严重心血管疾病的风险是平时的5倍。

除了对心脏有影响之外，研究还发现婚姻关系紧张与炎症标志物水平升高也有关联，尤其是对女性而言。莱斯查克和艾森伯格对这项研究进行了补充：不和谐的社会关系会通过抑制免疫抗病毒反应诱发体内炎症反应。还有研究人员指出，个体在与周围人交往中的积极体验可以减少这种炎症反应并刺激抗病毒反应。

类似的调查还告诉我们，童年期和父母关系紧张与C-反应蛋白值升高有显著关系，C-反应蛋白是一种经常用作评估心血管疾病风险的临床指标，提示体内炎症水平。

众所周知，冲突还会导致抑郁、注意力不集中和生产力下降，还会造成各种药物滥用。

基寇－格拉泽团队针对夫妻关系的研究所得出的数据，非常具有启发性。他们邀请一些自称婚姻幸福的夫妻谈论一些敏感的话题。在谈论的过程中，很快就出现了冲突，测试的6种激素中有5种发生了变化：应激激素，包括促肾上腺皮质激素，对心血管系统和免疫系统有害的所有激素，其水平上升到令人担忧的程度。此外，血压也明显升高。冲突越激烈，这些应激标志物数值越高，其恢复正常所需的时间越长。研究证明，常年的争吵还会造成这些危害叠加。

研究还表明，人际冲突对女性来说代价尤其高昂。因为女性通常更重视她们的人际关系，对她们而言，人际关系是影响生活满意度和幸福感的主要因素，并且女性对他人的情绪波动更加敏感。

争吵结束，就代表一切都结束了吗？事实似乎并非如此：基寇－格拉泽团队已经证实，回忆发生过的争吵也会对应激标志物和胆固醇水平产生负面影响。

请注意，虽然没有谈到邻里冲突的成本，但我们都知道，该成本可能是相当高的：财产损失、诉讼费用、失去对自己的房屋的使用权等，在此我就不一一列举了。

孤独和孤立

既然冲突不可避免，并且会对健康和生活质量造成巨大危害，那么选择独居是保护自己免受人际关系负面影响的最佳解决方案吗？不！没有社交也是要付出代价的！一项针对健康状况相同的参与者的纵向研究显示，声称感到孤独的人中有25%的人在研究开始的6年内死亡，而在感觉自己有人关心的人中，死亡发生率为14%。塔布特果和他的同事们还提醒人们注意：即使与伴侣生活在一起或有朋友的陪伴，人们也会产生孤独感。据说，孤立和孤独感对健康的影响最大：一个人越感到孤独，他的免疫系统越差。

孤立、缺少人际关系支持会引发心血管疾病。社交圈过窄甚至还会影响睡眠时长和质量。

老年人往往是受影响最大的群体，社会孤立和孤独感是预测身体和心理是否出现问题的最重要因素之一。研究表明，良好的人际关系与延长寿命、保持身心健康和提升幸福感之间存在一定的联系，而社交活动较少的人在这些方面都出现了不同程度的恶化。

职场冲突的后果

有的人可能通过各种途径（如商业活动、治疗干预或团队工作等）对下面的内容有所了解，但有时得到科学验证也不失为一件好事。

时代在变，我们这一代人与上一代人所面临的社会情况大不相同。如今，拥有强大的人际交往能力变得无比重要，它甚至已经成为个体能否被录用、晋升或降职，以及企业裁员时去留问题的决定因素之一。曾经，候选人的智力水平、教育背景和从业经历都需要被考查。而现在，高管们理所当然地认为，进入候选的人已经具备所需的专业知识和职场经验。如今职场需要的是在情商方面表现出类拔萃的员工：具备高超的为人处世能力、自信、善于控制冲动、积极主动、灵活变通且有良好的适应能力。卡耐基学院的研究表明，即使在工程行业等技术为先的行业，个人的成功也只有15%源自专业能力，另外的85%来自"人类工程学"，即人格特质和领导能力[1]。

具备管理争端和分歧的能力是职场中不容忽视的一张王牌。因为处理职场人际冲突的成本十分高昂。下面，我就这个方面为大家简单介绍一下。

生产力下降

无论在工作还是家庭中，出现严重的人际关系问题都将消耗掉员工一部分精力。所消耗精力与问题的严重程度成正

---

[1] 译注：出自《人性的弱点》。

比，并最终导致他的生产力大幅下降。员工把一部分时间浪费在琢磨冲突问题上，而且因为冲突的存在，他不愿意从对方那里获取必要的信息，因此要想完成工作就需要更多的时间。超过65%的绩效问题的产生，并不是因为个人工作能力不足或工作积极性欠缺，而是由员工之间的冲突造成的。冲突处理不当不仅会导致员工之间关系恶化，还会使生产力下降。

工作质量降低

人际冲突对员工的认知和情感都会造成不同程度的伤害，以至于员工无法专心工作，工作质量降低。在敌对的工作环境中，一些员工不愿意与有矛盾的同事分享关键数据，而由于缺少这些数据，后者的工作进展会受到很大的影响。

员工之间相互传染

企业内两名员工倘若发生冲突，所造成的影响并不仅限于这二人之间。因为每个员工都有自己的小圈子，他们会抱团一致对外。最终，大部分甚至所有员工都将被"传染"。众所周知，企业内部共享资源的数量和质量是实现业绩增长的决定性因素。人际冲突的存在会导致信息无法在员工之间自由流通。

慢性疲劳、士气低落、抑郁

沉闷的工作环境和紧张的氛围最终会影响到全体员工，并引发一系列问题，如一些团队成员突然失去了工作热情。他们感到工作没动力，出现慢性疲劳，甚至抑郁。

就像一个长期未倒的垃圾桶会散发出越来越令人作呕的气味一样，经历长期职场冲突的员工会发现自己出现越来越多的症状：睡眠不好，注意力不集中。这个综合征还将蔓延到生活的所有领域。请注意，研究表明，不仅没有得到解决的冲突与抑郁之间存在关联，抑郁与冲突增多之间也有一定的关系。

冲突持续的时间越长，患抑郁症的风险也就越大。冲突是一种慢性压力，会造成思维迟缓，影响短期记忆力、决策能力和情绪。

缺勤和离职

在某些情况下，缺勤可能是冲突没有得到妥善解决造成的直接后果。有时这也是对雇主或其他同事做出的敌意反应，因为他们直接或间接地参与了纠纷。上述症状存在的共同问题是冲突和分歧处理不当。

2012 年，在加拿大，员工缺勤导致的经济成本高达 166 亿加元。2018 年，在法国，员工缺勤导致的经济损失为 1080 亿欧元。

终有一天，员工因为无法再忍受这种对他们个人生活也造成影响的紧张的工作氛围而选择离职。研究表明，至少50%的员工选择离职的根本原因就是冲突长期没有得到妥善处理。值得注意的是，更换新人的成本是该离职员工年薪的75% ~ 150%，这对企业而言是一笔额外的支出。人才和专业技术的流失对企业来说确实是一个代价高昂的问题。通过预防冲突的发生，学习处理争端和分歧的方法，可以大大降低员工的离职率。

一项针对数百名员工的调查显示，43%的人曾目睹同事因冲突而被解雇，81%的人声称曾目睹同事因人际冲突而离职，77%的人称因为发生冲突同事不得不请假或患上疾病。

材料成本

一些个体只知道一种处理矛盾或发泄不满的手段：通过破坏或窃取他人的财物来进行报复。众所周知，在危机（或罢工）时期，这种行为要频繁得多。研究表明，员工间的冲突与企业库存物品损坏率和失窃数量之间存在直接联系。不幸的是，这些员工还认为这种报复行为是合理的。

企业走向衰落

上述的负面影响最终会危害企业的实力和声誉，还会导致员工对企业的自豪感降低，丧失工作动力，客户也会逐渐离开这个充满敌意的环境。工作氛围变差、部门或企业形象受损，最终可能导致企业关门歇业，所有员工丢掉饭碗。

冲突可能造成的损失包括：

■ 决策失误；

■ 创新和变革进程遭到破坏，停滞不前；

■ 平均持续时间为2～5年的诉讼；

■ 合并、兼并、收购以失败告终；

■ 对情绪的影响（愤怒、屈辱、自卑等）及情绪对个人的
影响；

■ 员工流动率变高；

■ 人才流失。

总之，上述观察结果告诉我们，认真研究适用于所有人的冲突管理方法，不仅可以降低成本，还可以预防冲突给企业运营造成的负面影响。

终于到好消息了

与先前的研究不同，一些研究人员选择研究和谐人际关系

给人们带来的好处。这个主意真是太棒了!

大家都知道,良好的人际关系对身体、情绪和精神状态都能产生有益的影响。在影响人类长寿的诸多要素中,人际关系甚至比体育锻炼、戒烟戒酒都重要。

生在一个温暖又安全的家庭中无疑是非常幸运的。因为良好的家庭氛围与儿童和青少年的社会感情、行为和生理功能的良性发展有一定的关系。此外,温暖的家庭氛围对健康发展也是至关重要的。在良好家庭氛围中长大的孩子,即使在外面与人发生冲突,也能妥善处理;受家庭环境熏陶,孩子会更善于处理紧张的人际关系,调节自己的情绪。大量证据表明,这种家庭氛围有益于身体健康。生活在父母关系和睦的家庭中,孩子患炎症疾病、肥胖症的风险降低。

对儿童和青少年来说,拥有一群朋友,可以在抗抑郁、焦虑,免受同龄人欺凌方面起到一定的作用。

你结婚了吗? 结婚是一种延长寿命的好办法。研究人员对过去60年里所做的90项相关研究进行了综合分析,涉及参试者大约5亿人。结果发现,单身人士寿命比已婚人士短。单身男性比已婚男性的死亡风险高出32%。单身女性比已婚女性死亡风险高出23%。研究人员指出这种现象出现的主要原因是单身者更容易被社会孤立,在经济和医疗上缺少支持。

在另一项有关夫妻关系的研究中,琳达·加洛团队针对500名50岁左右的已婚女性开展婚姻生活满意度调查。毫无疑问，结果显示，女性对婚姻状况越满意，身体越健康。那些对夫妻共度的时光、沟通方式、财务状况、亲密关系感到满意，且与伴侣趣味相投的女性，其医疗档案上存在相似之处：她们的血压、血糖、胆固醇指数都更健康。因此，影响身体健康的不是婚姻本身，而是对婚姻状况的满意程度。

已婚、受到关心或邻里关系和睦的人往往会花更多的时间参加体育锻炼以及其他娱乐活动，这会大大降低患抑郁症的风险，提高生活质量。还可以降低患心血管疾病的风险。

良好的社会网络会使个体对一些常见疾病具有免疫力。此外，获得工具性支持（交通或其他有形支持）或情感性支持（感到安心、有人倾听、被人信任）可防止出现睡眠障碍，促进心理健康和身体健康。

关于良好的人际关系给老年人带来的好处，心理学家从各个不同的角度做过大量的研究。研究发现，老年人获得周围人的情感支持越多，皮质醇之类的应激激素水平就越低。最新的研究不仅证实了二者之间的关系，同时还发现了情感支持的其他好处，如降低血压、心率、胆固醇和去甲肾上腺素水平。

事实上，人步入老年后广泛参与社交活动还有一些"生物学"好处。例如，新神经元的生成，尽管产生速度会越来越慢，但神经元生成速度减缓似乎也并非不可避免。一些神经科学家称，神经元减少与年龄关系并不太大，而主要受生活单调乏味影响。老年人多接触不一样的社会环境，不仅可以学到新的知识，神经细胞还会变得更加活跃。

良好的人际交往氛围还会对老年人的认知功能产生有益的影响，这在阿尔茨海默病患者中尤为明显。感受到他人的关心与长寿之间存在着高度显著的关联性。

学习冲突管理的方法对个人生活也有益处。即使是在线学习干预措施也可以提高夫妻关系满意度，降低冲突的发生率，减少孩子内心的负面情绪和外在的消极表现。一项类似的研究证明，这种影响可持续一年的时间。

在职场，人力资源专业人士表示，冲突若能得到妥善解决，可以为现有问题和挑战带来更好的解决方案（57%），促进重大创新（21%），提高工作积极性（31%），更好地理解他人（77%），提升团队业绩（40%）。虽然冲突不可避免，但并不意味着一定要付出高昂的代价，有时冲突甚至可以促进企业的繁荣发展。

建立冲突管理系统的企业报告称，诉讼成本因此得到极大降低：布朗路特（Brown & Root）的诉讼成本总体减少了80%，摩托罗拉（Motorola）的诉讼成本在6年里减少了75%，日本货运航空公司（NCA）的诉讼成本减少了50%并且诉讼数量也大幅下降。

舒尔茨（Schulze）证明，提升团队管理者在处理冲突方面的能力可以提高企业的生产力。明确责任化解矛盾对员工的身体健康、幸福感以及企业的生产力的提升都有益处。

接受管理争端和分歧方面的培训无疑会带来多重好处，如在个人的健康、生活质量和职业生涯发展等方面的好处。这也正是本书撰写的初衷。

第一步

停战

假设一天早上你醒来的时候，听到流水的声音。你从床上下来。哦，太恐怖了！脚下都是水。水在你光亮、全新的地板上流得到处都是。原来是洗衣机下水管折断了，水还在不停地往外涌。你的第一反应是清理烂摊子还是关闭水阀呢？

答案显而易见：在开始清理之前，要先止损。这个办法也同样适用于处理冲突：在考虑如何补救之前，要先阻止问题进一步扩大。

就像非洲有极度危险的毒蛇而加拿大只有无害蛇一样，由于每一步对应不同的人际关系舒适度（0 ~ 10级），应对纠纷采取的干预策略多多少少"有毒"。0 ~ 3级代表舒适度最低点，无疑"毒性"是最大的，其主要特征是强烈的情绪，这能激发我们原始的本能。在这种情况下，第一个建议是控制住本能反应，以免它毒害我们的生活，然后停战。当一切"尘埃落定"再做出反应或决定。

生活告诉我们，"以眼还眼，以牙还牙"的人生哲学会使受害者产生强烈的报复欲望。为伟大事业而战是一方面，但我们都知道，很多时候我们的斗争都是为了证明自己是对的，是获胜的一方。这些攻击反应不是经过深思熟虑、自我控制做出的举动。

接下来的三章将向你介绍关闭"水阀"（敌意）的几种方法。第二章邀请你走一走我们祖先走过的路，你会发现反应机制的起源。第三章介绍了一种通用武器——恐惧。它是人和动物共有的一种情绪，控制我们并影响我们的决策中枢。如果你的心理承受能力比较差，就不要看了——重磅数据可能会让你震惊！是的，恐惧仍然存在于我们的关系库中，尤其是在发生冲突的时候。最后，第四章根据7种动物的典型形象，提出了人类在0～3级所采用的各种策略，以及最好避免采用的策略。

不会消失的污渍和不会忘记的话语

◆◆◆

一个十几岁的女孩在上学前对她的母亲说了一些难听的话。放学回到家，女孩发现床上放着一件叠得非常整齐、带着污渍的旧T恤。看到这一幕，她感到非常不耐烦，把衣服拿到母亲跟前，质问道："这件衣服为什么在我的房间？这又不是我的！"说完，她把衣服扔给母亲。母亲看着女孩平静地说："总有一天，你，我，我们都会变老，就像这件T恤一样，我们的身上都会留下生活的印记。有些话会随着时间被忘得一干二净，有些话会永远留在我们心里，正如这件T恤上的污渍。这就是为什么我们需要维护好我们的关系，不让它染上污点。"母亲说完，转身又去做事了。

普通人关注得失。

杰出人士则关注自身变化。

——罗宾·夏玛

第二章

从冲突动物到外交官

我们通常认为，人们在面对冲突时所做出的反应，是自我选择和意愿的产物。但是，本章将证明事实和我们的想法是截然相反的。在面对威胁时——无论是真实的还是想象的——我们的大部分反应都来自祖先智人。我们也许会认为自己面对威胁时采取的策略要比灵长类动物高明得多，毕竟，时代进步了，我们走出了山洞，建起了摩天大楼，在高等学府里接受教育，利用电子技术进行交流（很频繁）。然而，即便我们穿上了名牌服装，使用着先进的技术，也无法抹去那些曾经关乎生死的原始反应。

以两个年幼的孩子一起玩耍为例：四岁的姐姐抢了三岁弟弟的玩具。你认为他们可能表现出以下哪些行为？

·指责	·拍打	·推搡
·呵斥	·逃跑	·忍耐
·赌气	·号叫	·自残
·绝交	·辱骂	·埋怨
·大叫	·威胁	·哭泣
·自我伤害	·向父母告状	
·无视对方	·试图控制对方	

所有这些行为都可能出现，对吧？如果我告诉你这两个孩子来自非洲、美洲、欧洲或亚洲呢？答案会有所不同吗？

你是否想过这些反应从何而来？年幼的孩子还不会读书，却可以如此自然地做出这些反应，他们是从哪里学到的？这些行为的目的是什么？这些行为如此普遍，如何解释？为什么父母要花这么多精力去纠正孩子的行为？人要到多少岁才能不再使用这些自动策略？

在对比各年龄段人士的反应时，我们惊奇地发现，无论他们来自哪里，文化背景存在怎样的差异，当恐惧、愤怒、沮丧等情绪出现时，都会做出相同的反应。其中一些反应甚至和哺乳类动物或鸟类相似。和它们一样，在表达不满时，人类也会轻哼、龇牙、张牙舞爪或跺脚。因此，必须承认，在面对压力和挫折时，我们依然会做出和远古祖先一样的反应。

事实上，这些反应都是与生俱来的。为了生存，我们的祖先必须开发出极其复杂的方法来分析面临的挑战，采取有效的策略来应对挑战。他们很快就学会了生存的第一条法则：要么吃，要么被吃。数十万年后，由于最适应环境者不断地试错改进，我们得以继承最完美的生存机制；而能力差的则没能幸存下来，我们也就无法继承他们的基因。由此可见，我们是胜利者的后裔！

恐惧起到"灯塔"的作用，人和动物皆是如此，正是恐惧让我们得以生存，它提醒我们注意潜在的危险，不要乱吃东西，不与比自己强大的人战斗，对危险做出快速反应。如今，恐惧策略仍然奏效，被人们广泛使用。我们将在下一章探讨这个问题。这些本能反应根深蒂固，属于集体无意识。不过问题在于，这些反应的作用是确保生存，而非创造健康的关系或更美好的世界。同时还存在另一个问题，几千年来，这些反应几乎没有与时俱进！它们已经过时，无法适应现在的社会。

这些反应是无意识、自发的，在生活中随处可见，无法加以阻止。要想控制并找到更先进、更合适的方案取代它们，建立健康的人际关系，第一步要做的就是了解它们的起源和存在的原因。而我们没有意识到的是，记忆（以及它所包含的所有档案）当然有心理存储的功能，但它也使我们拥有选择权。我们有权决定调取哪些信息来塑造当下的生活。

小型大脑解剖课

人类的大脑分为三个层次，每一层次的进化都会使大脑掌握更为先进的技能，第四层目前仍在生成之中。

第一层，也是最古老的大脑，被称为爬行动物脑。这一结构存在于脑干和小脑之中，通过控制心率、呼吸、体温、消化系统、免疫系统等保障机体的基本功能。爬行动物脑确保生存。以海龟为例，它们一产完卵就会离开产卵地，并不为后代提供保护。蛇和其他爬行动物也是如此，其行为主要由爬行动物脑主导。

在进化的过程中，人类无法独自存活的事实越发明显。此时，被称为边缘系统的第二层物质加入大脑之中，让我们获得更高级的功能，如记住愉快或不愉快的行为，感受敌对、悲伤、快乐等情绪。这样一来，记忆变得更加精细，这让我们有能力从试验和错误中吸取教训。我们也可以互相帮助，并与他人建立牢固的联系，与那些想象中更强的人交好！是的，就像黑猩猩和许多其他动物一样，得到氏族首领的青睐就能保证得到庇佑。许多人曾使用这种策略，未来还将继续使用它。

前两层大脑紧密协作。边缘系统不断向爬行动物脑发送信息；一旦有危险，维持功能（消化、免疫、排泄）就会停止，心率加快，这样身体就有足够的力量参与逃跑或战斗；感官细化，这样就可以集中精力应对危险；血液流向四肢，以便做出反应；呼吸加速。所有这些变化用时仅仅为 0.01 秒。经过数百万年的磨炼，这个超级复杂的系统，让我们能够更好地应对各种情况，而到了 21 世纪，它仍是我们的强力武器。有人侮辱你，你生气了，心脏突然狂跳不止，呼吸急促，整个人紧张起来，除了对方脸上的轻蔑，你什么都看不见。唯一的想法就是给对方一个教训。这时，如果你感受到的情绪更多的是痛苦或恐惧，那么你自发想到的应对策略可能是逃跑、回避和隔离。

大脑进化了"新皮层"，它更加庞大、复杂，因为它的存在，我们才能发展抽象思维、学习能力、想象力、意识和语言，进行发明、沟通、谈判。由于新皮层的进化史比较短，而且它由更多的细胞组成，所以它的反应速度会比较慢，当突发紧急情况或遭遇攻击时，更深层次的爬行动物脑和边缘系统会首先反应，即原始反应会处于优先地位。由此可见，我们面对冲突的最初反应来自大脑最古老的区域。个人越受到威胁，越处于紧急状态，他的反应就越受爬行动物脑–边缘系统的控制，无论这个紧急状态真实与否。这就是为什么在当今社会，当我们经历争端时，就必须立即停战。

2014 年，我写了一本有关青少年的书——《一切顺利！》。我在研究大脑进化的过程中惊讶地发现，在青春期——这一人生的转折时期，我们的大脑仍在发育——第四层大脑皮层正在加入。事实上，根据专家（特别是美国马里兰州贝塞斯达国家精神卫生研究所脑成像部门负责人杰伊·N.吉德博士）的说法，今天的人类在出生后需要24～30年的时间才能完成这部分大脑（前额皮层）的成熟发育。它让人类拥有更强大的意识和遏制爬行动物脑反应以及重新解释边缘系统的能力，这些都是为了让我们在危机时刻能够做出远超生存的反应。前额皮层这个全新的神经区域就像一块极其肥沃的土地，也是人类迄今为止所探究的最特殊的区域。它不仅为我们提供了获得新技能和新知识的可能，也让我们在意识方面茁壮成长，从自私自利转向利他主义。但前额皮层和谐发育的前提是必须有播种者和种子。如果没有种子可以播种，再加上土地主人不知道该如何利用土地，或者因为任务太重，自己也不想照顾庄稼而选择放弃，那么土地就会接受任何落在上面的东西，通常就是些杂草！

通过观察在车祸或中风后前额皮层受损的病人，我们能够认识到前额皮层的功能。与大脑其他部位的损害相比，该区域受损后的症状非常特殊。额叶脑瘫患者会变得不受社会约束。此时，原始冲动占据了上风，他们难以自理和计划，需要一个临时的外部额叶假体，即一个拥有发达前额皮层的成年人来指导他们行动，甚至生活。

通过宣布停战，在前额皮层的帮助下，我们调动了大脑中最先进的结构，它能提升我们的福祉和自尊，而不是鼓励我们去重复古老的生存本能反应。

认识灵长类动物、木头人和外交官

为了让你了解大脑发育的不同阶段，且让你意识到充分控制本能冲动的重要性，我将提供一组形象的词：灵长类动物、木头人和外交官。

灵长类动物是我们出生前就获得的无意识行为的产物，这些无意识行为由祖先直接植入我们的 DNA 中，而我们从来没有学习过这些行为。我们不经思考表现出来的反射反应就属于这个层面。有些人会说"我向来如此"，实际上，他们只是在用这个借口为自己的行为辩护。这就是灵长类动物，它很大程度上与爬行动物脑和边缘系统有关。

在新冠肺炎第一波疫情期间，灵长类动物已经向我们展示了它的存在：杂货店的货架被搬空。"我先"是灵长类动物最根深蒂固的一条规则。面对威胁，人类往往会倒退到依靠最原始的生存机制行事。我们会看到人们为了抢夺卫生纸而争吵，为了抢先拿到面粉而粗鲁地推翻别人的购物篮。这种灵长类动物的行为还存在吗？当然！而且在发生冲突或当一个人感到危险时，灵长类动物的行为最激烈。其策略类似于一个三岁小孩被偷了玩具，尽管有时这些策略会被乔装打扮……但骗不了人！

木头人由出生后接受的教育构成。你看过由布鲁斯·威利斯和米歇尔·菲佛主演的电影《我们的故事》吗？两位主人公因婚姻陷入危机去咨询精神分析师，分析师告诉他们，在冲突过程中，不是他们两个人，而是六个人在互相影响，另外四个人是双方的父母。接下来，这部精彩的作品向我们展示了这些外来声音在评价对方和反应方式上产生的影响。很明显，他们的反应只是在重复自己学过的东西。

我们可以把木头人比作自动售货机❶。我们按下正确的按钮时，就会得到希望的结果。通过接受教育，我们获得"按钮"，这些"按钮"被日常事件反复激活。这样一来，我们就能够知道在什么时间吃什么食物了。当我们感到恐惧、愤怒之时，应该怎么做。我们还知道如何管理时间、金钱，因为我们都学习过这些方法。

如果不教导木头人，我们就无法掌握对原始冲动的必要控制，也无法培养延迟满足的能力。违背所接受的教诲会让我们感到羞愧、内疚，害怕被抛弃。因此，木头人作为向导，贯穿整个教育过程。将这些规则应用到极致，能够给予我们安全感，让我们可以自我评价。以此为基础，我们体内的木头人鼓励我们成为热爱熟悉的、习惯的、同类群体的生物，并使我们深深依附于无论好坏的早期条件反射。

出于这个原因，尽管我们体内的木头人是由外部影响创造

---

❶ 译注：法语名称跟木头人一样，也是automate。

出来的，且并没有考虑到个体差异（个人气质），我们保持对木头人的忠诚还是具有实际效益的，即使它的方法往往不能满足我们独特的个体需求。木头人让我们摆脱了基于对自己的深入了解来思考或开发新模式的负担。木头人推卸了自己的责任，当事情出错时，我们总会责怪那些教授者。木头人让我们感到安心，其影响并创造了我们所熟知的唯一的我。

剔除木头人在生活中建立的规则会让我们害怕失去认同感。木头人这个角色（顺便提一下，这个词在希腊语中是"舞台面具"的意思）是亲人对我们的期望。它们褒奖我们与其相似的特征，这也证明了它们的地位。这个面具不一定是负面或丑陋的，它只不过不是真实的，不是我们自己。正如理查·罗尔在《踏上生命的第二旅程》一书中所说："我们似乎都患上了一种身份错乱的通病。生命的目的是重新成为我们自己，一个很大程度上被忽略的自我。"

我们体内的木头人不会反思，它只提供结果，并告诉我们是别人主导了这个结果，来为我们的失败辩护。它以数量为幌子，"我们家都这样"，或者"我们村、我们国家都这样"。我们的某些"按钮"确实是在家庭环境中习得的，但其他则来源于社会。对世界了解得越多，我们就越能意识到文化对价值体系和木头人－自动反应的影响。

我们都是木头人

❖❖❖

在一些国家，张大嘴巴和用手抓饭是赞赏和信任的表现，但在另一些国家，这样做反而会引起人们的反感。在突尼斯，男人之间牵手是一种表达感情和友谊的行为，但这种习惯在有些国家则非常不受欢迎。我们身处的社会塑造了我们。我们还没有批判意识时就学到了这些态度和价值观。我们接纳了人们期望的行为，因为生存取决于教会我们这些行为的老师。重复这些已经成为习惯和规范的反应，其好坏并不是重点，只要重复这些反应，不去修改或用来适应我们自己的标准，就是木头人的做法。

木头人的指令让我们被周围的人接受，为我们提供了营养、保护和发展所需的技能。虽然这些指令剥夺了我们建立自己的权威并以此作为生活基础的权利，但如果没有这个超我在早期指明方向，那么监狱、戒毒所和精神病院就会人满为患。兴奋剂、毒瘾、自负、滥交和虚荣会占用我们大量的精力。

据说90%的人在生活中有90%的时间是自动巡航模式，这是灵长类动物和木头人的杰作。揭开这些忠诚船长的面纱是我们重新掌舵、确定自己的方向和成为外交官的必要前提。这就像行走在一条繁忙的大道上，噪声和刺激无处不在，吸引了我们所有的注意力。这有点像灵长类动物和木头人的做法。我们没剩多少注意力去弄清自己真正的需求。

外交官，作为一个政府的代表，必须具备一定的素质和能力，这样才能更好地履行职责。他应具备完善的知识储备，对"祖国"（我们以及我们现在所处的情况）、对使他鹤立鸡群的价值观和需求都要非常了解。他掌握了健康沟通的法则、出色的谈判技巧，不妄下断言，知道何时保持沉默，何时介入干预。他对别人能够做到真正的尊重，并能理解满足他人的需求与满足自身的需求同等重要。外交官从不屈服于指责、威胁、喊叫和其他原始策略。他们为自己的行为负起全部责任，在必要时会做出补偿和道歉。他总是期望协作、仁爱，并得到周围人的信任和尊重。灵长类动物的主题词是"我或他人"或"我反对他人"，而外交官则是"我和他人"。

像瑜伽师和智者一样，外交官花了很多时间来滋养宁静和平衡。他明白，注意力的外部要求使他的身体一直处于警戒状态，形成过度兴奋的神经系统，并导致他的思维加速运转，最终使得身体疲惫不堪，使其远离自己。因此，他保留了独处的时刻，以评估自己的真正需求，并重新探索他出生前的容貌，就像禅师介绍的那样。这种方式对于认识自己的本质、自身不断变化的需求以及实现这些需求都是至关重要的。通过这种方式，外交官可以防止失衡和不满意的情绪潜入自己的生活和人际关系。

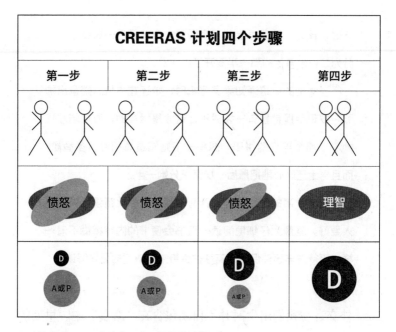

D：外交官。A：木头人。P：灵长类动物。

一位年轻的外交官

◇◇◇

在机场，一位等待航班的女士点了杯咖啡和一小袋饼干。然后她就坐下开始看报。过了一会儿，一个衣着光鲜的年轻男士坐在女士那张桌子边，拿了一块饼干，这让她大吃一惊。她不想吵架，自己也拿了一块饼干，以此向他表明这袋饼干是她的。但男士又拿了一块，宽容地笑着，仿佛什么都没有发生过。当只剩下一块饼干的时候，女士真的生气了，但又不好说什么。然后男士伸了个懒腰，拿着最后一块饼干，一分为二，带着他的那一半离开了。

当女士的航班通知乘客登机时，她还在生气。她拿出护照，发现手提包里有一袋饼干，这才是她买的，所以刚才是她吃了那个男士的饼干。想象一下她知道真相时有多尴尬。而且男士还好心地把最后一块饼干分她一半。

这个故事的寓意是什么？有时保持沉默比错误地指责他人要好。就像太仔细地阅读一页书会使书的内容模糊不清一样，等待并与事件保持距离往往会带来对情况的更好解读。

外交官在我们出生时并不自动包含在"套餐"中。早期的大脑结构运作源自自动系统，在我们的意识领域之外，而且速度很快。与此不同的是，外交官使用的方法需要意志去控制，需要有目的性、有意识地去努力，而且运行会更加缓慢，因为涉及更多的机体运动，需要更多的神经元参与。后者在进化过程中是新的元素，经验也少得多，这就减缓了行动。培养我们心中的外交官需要新知识、新老师，所以这次是精心挑选的结果，不是我们出生时的自带"套餐"。

制定新的生存规则必然会让我们经历不适与质疑。比起只会摔盘子，试图学习健康沟通技巧的女士，必须在另一半面前展现出自身的脆弱，放弃自己在对方面前的虚假权威。同样，选择将自己的角色从"征服者"变为"教育者"的家长，也必然要经历身份的转变。爱喊叫的暴躁老板在采用交际手段后焕然一新，不仅个人形象得到了改变，社会地位也得以提升。

成为外交官的代价往往令人恐惧。由于恐惧是一个伟大的操纵者，许多人宁愿循规蹈矩，也不想去思考、学习、努力探寻通往真实自我的道路。进入这个过渡时期，就像开启一段遥远的旅程，刚开始，我们离家和目的地都不近，这样会产生很多不确定性和不安全感，让许多木头人泄气。有些人甚至从来没有考虑过要去旅行！然而，这是一段多么美妙的旅程啊——通向幸福的目的地也同样美好！

一种新语言

你来到俄罗斯，你会因为别人不用法语与你交谈而感到不快吗？为什么你是法语区人士，别人却要用俄语与你交谈？因为俄语是这个国家的语言，是绝大多数人唯一知晓的语言。因此，你不应该把他们只说俄语看作是对你的冒犯或恶意，你也不必去学习俄语，特别是你不准备再来拜访这个国家时。

同样，在有些人生活的环境中，灵长类动物的行为是被认可、通用的，也是被鼓励的行为。谈论情感会遭到嘲笑，以尊重的形式交流是软弱的表现。那里只接受拳头和没完没了的争论，"你必须战斗！这就是生活，我的孩子！"你的周围有谁受到过这种教育方式的毒害？如果原始策略出现了，请不要把它当作个人问题……如果你能提供的东西更多，请认为自己很幸运。一段关系的发展——就像人类的发展一样——取决于那些拥有更多资源的人，他们将外交官的策略传授给那些由于缺乏老师而至今没有机会学习的人。

成为外交官

如何成为一名外交官？这正是CREERAS计划所要教给大家的。首先，找出灵长类动物和木头人，然后逐渐掌握它们并使用更先进的方法取而代之。正如纳尔逊·曼德拉所言："教育是最强大的武器，我们可以用它来改变世界。"

想象一下，将灵长类动物－木头人二人组和外交官放在天平两端。一头越高，另一头就会越低。控制灵长类动物－木头人二人组不仅意味着限制其在生活中的危害，还意味着提升外交官的地位。掌控权源自外交官的行动，他每一次介入，都会增强自己的实力，并相应地削弱灵长类动物－木头人二人组。

我们的每一个想法和行动都会建立和巩固这种状态。人际关系，特别是在有争端和分歧的情况下，为培养我们的外交官提供了绝佳的实践场地，而这些都要从控制停战开始。

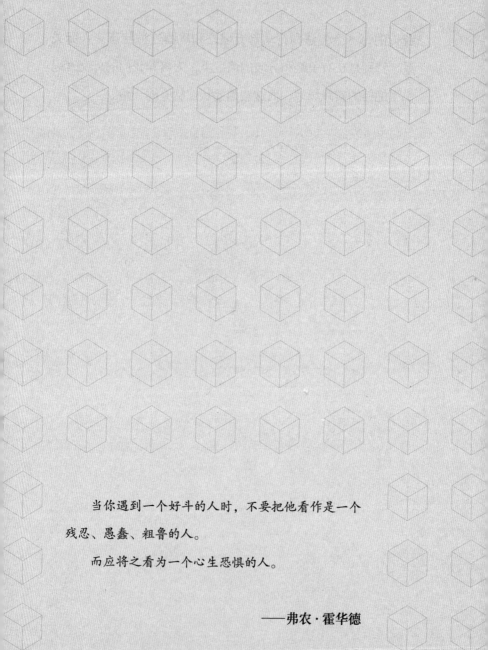

当你遇到一个好斗的人时，不要把他看作是一个残忍、愚蠢、粗鲁的人。

而应将之看为一个心生恐惧的人。

——弗农·霍华德

第三章

恐惧：冲突中的有力武器

世界上有两种力量驱使人们行动：快乐与恐惧。其程度越深，我们的反应越激烈。这是自古以来控制神经回路的马达。快乐鼓励我们去寻找对我们有益的东西；恐惧驱使我们逃避可能摧毁或伤害我们的事物。快乐是油门，恐惧是刹车，但恐惧总会凌驾于快乐之上。虽然鬣狗非常想吃到一点斑马肉，但当面临进食之际会被狮子吃掉的死亡威胁时，鬣狗会耐心等待，直到狮子离开。同样对人类来说，如果让一个孩子在留在商店里看各种各样的玩具和留在商店母亲就会离开之间做出选择，孩子会选择把快乐放在一边，不肯冒着被抛弃的风险在商店里玩。在现实生活中，很多父母会利用这种原始机制，让儿童甚至是青少年按照他们的意愿行事："喝酒会得精神病。看，报纸上写着呢！有的年轻人总也戒不掉酒瘾，最后会落得个终身残疾。你想和他们一样吗？"

你不用成为行为学专家也能知道恐惧总是比任何正强化产

生更快、更直接的反应。这个普遍规律适用于地球上的所有物种。这种机制是我们数百万年来得以生存的基础。恐惧在演化中对爬行动物脑－边缘系统产生强烈的影响，使其每次都能迅速地做出反应。然而，要知道，当我们利用恐惧来获得我们想要的东西时，在受灵长类动物本能的驱使；我们强化了这种本能，并让恐惧在以后我们与他人的交往中以及自己的内心深处占据优先地位。

骰子的比喻

◇◇◇

在阅读下面在冲突最激烈时应采取何种策略之前，骰子的比喻可以帮助我们减轻负罪感。

骰子相对两面之数字和必为七。也就是说，当六点在上时，一点在下。同样，对于冲突期间做出的每一个不成熟的行为，都有一个好的对应面。羚羊看起来很优雅、温驯，但非常容易受到攻击；猎豹很敏捷，但攻击性很强；黄蜂身体色彩鲜艳、勤劳，但有剧毒。同理，人各有所长，也各有所短。在0～3级区域，出现的是没人会为之自豪的"一点"，而在8～10级，我们重拾快乐，处于最佳状态，这时呈现在大家面前的是"六点"——我们最好的一面。

当然，并不是所有的成年人都会遭遇最激烈的冲突，也不是每个人都会沿用我们祖先采用的原始策略，但所有的孩子都是从基础开始学习处理人际关系技巧的，而我们都曾是孩子，本章对于发现我们"骰子"上的薄弱的一面很有必要。如果你能够在所有类型的"一点"（攻击者、操纵者、骗子、爱生气的人、寻求怜悯或消极的人等）面前保持积极主动而不是被动反应，那你真是太棒了！你可以不用阅读下面两章的内容了！不过，阅读这些内容依然可能让你觉得受益匪浅。

有人说，就像骰子一样，对于一个人，直到发现他的六个不同面，才算非常了解这个人了。对我们自己也是一样的，了解自己的"一点"，是学习避免人际关系"有毒区"的第一步。也有人说，在选择伴侣或合伙人时，不应该看他们的"六点"（毕竟大家都喜欢别人的优点），而是应该看当他的"一点"出现时，我们是否能够容忍。实际上，正是后者决定所有类型关系的长度和深度。

人们善用恐惧来实现目的

新冠肺炎疫情的暴发几乎在一夜之间改变了我们的生活。害怕感染病毒以及对缺乏食物和生活必需品的恐惧已经从根本上改变了世界各地人们的日常生活。只有恐惧才能在全球范围内产生如此迅速而重大的影响。它的破坏力由来已久……

1860年，英国流行的一句谚语——闲着棒子，宠坏孩子——导致91%的儿童遭到体罚。扇耳光、抽皮带和打屁股是几乎全球每个国家的人都会使用的体罚方式。这种"征服"孩子的手段，是人类从动物世界学来的。然而，众所周知，遭受暴力的儿童并没有变得更听话，而是变得更加虚伪和狡猾，他们学会了如何犯错却不被抓住。虽然采用积极的教育理念替代教育暴力改变了人们的观念，然而直到1998年，英国下议院才立法禁止全国范围内的学校对学生进行体罚。英国并不是唯一一个必须通过出台相关规定，要求教育工作者为儿童提供更好人际关系基础的国家。虽然截至2016年6月，全世界已有193个国家批准加入《儿童权利公约》，但只有少数国家（49个）立法禁止在家庭和学校实施体罚。废除教育暴力还有很长的路要走！

加拿大在保护女性权益方面是走在世界前列的国家之一。尽管如此，公共卫生统计报告指出，每年警方接到家庭暴力报案近20000宗。遭受家庭暴力的妇女几乎一直生活在恐惧之中。尽管这组数据让人触目惊心，然而据估计，80%遭受家庭暴力的女性受害者因为害怕被报复而不敢报案。

体罚，主要是为了在人们心中播下恐惧的种子，仍然是人类武器库中的一件利器。

职场也在利用人们的恐惧心理。老板随意压榨员工，让员工时刻提心吊胆，害怕丢掉饭碗；要求员工加班或强迫他们在危险的环境下工作。在没有设立工会组织的国家，情况显然更糟（即使是加入工会的工人就这一问题也有很多话要说）。工会组织诞生于19世纪末，旨在使雇主与雇员的关系人性化，并结束工业化国家的恐惧机制。但是，仍有许多需要改进的地方，特别是在保护儿童这一弱势群体方面。据国际劳工组织估计，2016年有1.52亿儿童在非法工作，其中7300万儿童从事的都是"危险的"工作，即"存在健康、安全、身心发展风险"的工作。这些儿童必须工作，否则将无法养活自己和家人，甚至可能会饿死。

在体育界，运动精英通常被当作神一样崇拜，这也是滋生暴力的温床，至少在年轻人中是这样的。例如，2003—2004年，据全国冰球联盟统计，冰球运动员之间发生了789起打架斗殴事件。自禁止摘掉头盔的规定实施以来，打架数量下降了约40%，因为斗殴者担心打架会导致手部受伤。一些体育比赛结束之后，频繁出现不文明行为，造成巨大的财产损失，有时输掉比赛一方的球迷会攻击获胜球队的支持者。2018年加拿大共发生651起命案，都是由失控的原始力量造成的。这种暴力行为的目的是传播恐惧。

蒙特利尔市市长在2020年的一次电视讲话中指出，魁北克警方调解酒吧斗殴案件的数量呈爆发式增长。虽然酒吧打烊时，警方会增派10%～30%的警力，但是似乎并没有震慑到打架斗殴者。酒精压制了个体身上文明的一面，体内灵长类动物性得到解放。在经历了长期残酷的战争和屠杀后，无数人失去了生命，最终促使51国领导人走到一起，于1945年成立联合国，旨在维护国际和平与安全。从进化史来看，人类花了数百万年的时间来建立"和平卫士"，并认识到使用恐惧和武力并不能带来真正的和谐。

普通百姓面对这些暴行时束手无策，但在个人生活中，我们是否都尽了最大的努力去抵制恐惧？我们是否克制自己在人际交往中使用恐惧作为武器？有多少男男女女不是通过沟通来解决冲突，而是动不动就说要分手，或以孩子作要挟？在家里、车里或职场，包括强力推搡、扔东西、摔门、过马路时司机狂按喇叭在内的肢体语言或大喊大叫、说脏话、侮辱、威胁等口头语言是否消失得无影无踪？孩子在商店吵闹，家长威胁要把他丢下，虽然最终孩子停止了吵闹，但这时孩子会不会认为，有一天他真的会因为这样的情绪反应而被抛弃。由于缺乏安全感，孩子会变得焦虑、惊慌失措、烦躁或抑郁，健康发展受到影响。家长一时达到了预期目的，但从长远来看呢？

当你用恐惧迫使对方做出反应时，其实是受体内灵长类动物性驱使的。当冲突处在0～3级区域，这种武器（恐惧）占据主要位置。尽管利用恐惧行事看起来很有效，可以让你从对方那里得到你想要的，但对人际关系和人类进化来说却是一种倒退。当主导与被主导的两极被强化，我们谈论的不再是平等、尊重，而是征服。这既适用于个体之间，也适用于国家之间。

恐惧支配着我们

◇◇◇

宝拉在怀孕25周时分娩。孩子一出生就使用呼吸机，宝拉和丈夫备受折磨，因为他们被告知孩子有可能活不了。幸运的是，孩子被抢救过来了，但他的身体一直不太好。宝拉和丈夫给孩子取名叫诺亚。3岁的艾迪是诺亚的哥哥，他的童年在弟弟出生后发生了翻天覆地的变化。他的父母，特别是母亲，过度护着诺亚，生怕他再生病受苦。但是他们没有意识到，这种恐惧毁掉了艾迪的童年，因为他永远无法享受弟弟受到的关心和关注。而且，哥哥总是被批评，总是要让着弟弟。只剩一份甜点怎么办？不是两个孩子平分，而是诺亚一个人独享。"可怜的小家伙，他受过那么多苦！他太瘦了，他比你更需要这份甜点！"艾迪考砸了怎么办？"你脑子里该想的就是成功！你身体健康，又没生病，只需要好好做功课！你怎么能考砸呢？"

这个故事让我们看到，一个人的恐惧也会毁掉其他人的生活：恐惧改变了交流方式，对人造成伤害。它并不总是看起来像袭击者威胁要用棍子打我们一样，它有时伤害的是我们的心灵而非肉体。

回想一下最近几次与人发生的纠纷，无论大小，你是否使用了恐惧作为武器？

会飞的盘子

◇◇◇

一位来访者曾经有些得意地对我说："在我家，盘子会飞！"真实情况是，当她生气时，她向她的伴侣扔盘子。事实证明，她是一个强势的女人。在动物界，雌性是很少攻击雄性的。知道伴侣不会还击，她还得意地说，她敢于打破对女性固有印象的束缚，是她让男人产生了恐惧感。

情绪失控，让孩子目睹家暴，制造恐惧气氛让人无法心平气和地讨论问题，而且每个月都要额外支出一笔购买新餐具的费用，这真的有什么值得骄傲的地方吗？

确实许多人认为，赢得一场比赛，打得最狠，让对方感到极度恐惧，是一个值得骄傲的理由。在妹妹的手臂上留下牙印的孩子就能成为英雄吗？为什么打折别人的下巴或毁坏别人的名誉对成年人而言是一种胜利呢？

当我们处在0～3级区域时，要想让我们的心理状态以及同他人的关系有所好转，第一步就是要停战。控制自己不使用这种情绪（恐惧）或不被这种情绪牵着鼻子走，我们将变得更成熟，更有尊严。

有些人表现得咄咄逼人，其实是用来掩饰内心的恐惧的。

——维克多·谢尔比列

试着制造一个怪物

假设现在让你把一个孩子变成一个怪物，你会怎么做？抱抱他？给他爱、安全感、食物和积极刺激？不，你不可以和他有任何身体接触，除非是为了虐待他，在他反抗时动手打他，让他一直生活在暴力之中！你我都可以想象，你将让他经受怎样的痛苦。并且看到他痛苦，你还要表现得很冷漠，甚至高兴。尽管这听起来很悲哀，但在现实生活中，许多人童年时期就是这样度过的。结果呢？有这样遭遇的孩子往往不擅长处理人际关系，有强烈的报复欲望，想让别人和他一样痛苦；他害怕与他人接触，不相信任何人。这种情况是真实存在的。我的来访者甚至还跟我诉说过更为严重的情况。恐惧能够改变一个人。这件武器还是留给那些想要制造怪物的人吧！

> 如果我们能了解敌人内心的隐秘，我们就会发现原来人人都经历过许多悲伤和痛苦，这就足以消除我们之间的敌意了。
>
> ——亨利·沃兹沃斯·朗费罗

可疑的邻居

◇◇◇

出于保护家人安全的目的，西蒙家在房子西侧的三楼上安装了户外投射灯。因为他们的邻居与很多人都产生过纠纷，甚至还因动手打人进过监狱。

才刚过了两天，西蒙夫妇下班回家时就发现灯坏了，地上有一些玻璃碎片。气愤之余，他们选择报警，警察到邻居家进行调查，询问白天他是否注意到什么异常情况或听到异常响动。他冷冰冰地回答："没有，我也出去了大半天。"

西蒙夫妇把灯修好并再次点亮。后来投射灯又被破坏了两次。每坏一次，他们都把它修好。一个星期六，他们带着孩子外出，回来时发现西蒙先生的高级轿车的一个倒车镜被扯掉了，倒车镜很贵。西蒙先生坚信一定是邻居捣的鬼，但他却没有证据。他们再次选择报警，警察又到邻居家去调查，但是因为搜集不到任何证据，警察只好停止了调查。西蒙夫妇失去了耐心，但是又不想使用暴力，于是，他们选择安装了一套带图像录制功能的运动探测器和警报器的监控系统。从此，令人不快的事再也没有发生过。

西蒙夫妇如果选择使用和袭击者一样的武器，那么故事可能就是另外一种结局了。越失望，就越想为自己伸张正义。如果这样做他们会感觉更安心吗？他们的孩子会在这件事上学到什么？冲突会升级到何种程度？

当然，停战并不意味着可以与每个人都保持和谐的关系，特别是那些你无法选择的人，比如邻居、同事。但是停战可以保证两点：

（1）你将为自己是外交官（有交际手段的人）而非灵长类动物，是创造和平而非暴力的人而感到自豪。

（2）如果你不推波助澜，冲突就不会无限升级。

与处在 0 ~ 3 级区域的人在一起，不太可能会觉得舒服。与他们的每一次互动，都在考验着我们的成熟程度。灵长类动物的策略越接近于 0 级，传染力就越强。但这一规律也适用于外交官：立场越坚定，对对方的影响就越大。对自己的立场更有把握的一方将是最后的赢家。希望赢家是对的一方！

恐惧，一种贯穿于我们生活的力量

◇◇◇

如今，许多人在不知不觉中利用恐惧进行自我刺激：通过蹦极或跳伞来体验那种让人不寒而栗的恐惧感，并对这种本能反应嗤之以鼻。当他们敢于藐视这种恐惧感时，会觉得自己很勇敢。青少年看恐怖电影，玩暴力视频游戏，或做一些危险甚至致命的事情以刺激肾上腺素飙升。大学生和职员等到最后一刻才开始写报告：这个策略会让他们产生紧迫感、恐惧感，感觉变得敏锐，心跳加速，保持警觉，直到把工作完成。这种态度助长了人们体内负责生存机制的灵长类动物，当完成工作后，人们会感觉筋疲力尽，这与外交官的影响截然不同：他知道如何规划时间，不用熬夜，也不用承受完全没有必要的压力就可以完成工作，让人变得更加强大、平静。

电影和小说也利用恐惧来吸引观众和读者的注意力。人们非常清楚，灵长类动物不能无视威胁，即使它是虚构的。对灵长类动物来说，现实和想象没有区别，都要认真对待，因为这是关系到生死存亡的大事。作者在读者心中制造恐惧，吸引他们的注意力，使他们体验到强烈的刺激感，这样作品就会畅销，这甚至已经成为公认的行业标准。但是，观影或阅读的目的不就是给自己一个放松和休息的时刻吗？那么，为什么要让灵长类动物参与进来呢？在日常生活中不是已经有所表现了吗？

由于担心错过打折的商品，购物者会在商店开门前几个小时到店，做第一个享受优惠的人。有些人为了享受折扣，不惜推搡甚至打伤店员或其他顾客。恐惧使我们做出一些非人的事情！是的，"非人"确实是最合适的词，因为这些反应都来源于动物世界，是无意识的。所有希望建立良好和有益的人际关系的人都要避免出现这种情况。

将一张纸看成灵长类动物、木头人和外交官在你的生活中所占的比例。如果前两项占了90%，那么外交官所占比例就很少了。我们需要每天在这张纸上多为外交官腾出一点空间，最后让其成为主导。克服恐惧，停战，我们就已经取得了很大的胜利，外交官的影响正在增强。

我们不采用这些古老策略之日就是与人相处融洽之时。你需要在自己的生活中去实践，并对那些很难做到这一点的人保持耐心。

恐惧和勒索

◇◇◇

一位获得过国家级奖项并屡次登上报纸头条的男士，因其做出的贡献和成功的事业深受人们的敬仰。

相比之下，他的个人生活就没有那么精彩了：他把时间和精力都用在了工作上，而忽略了他的妻子和家庭，个人生活变得索然无味。几个月前，他开始和妻子分居，新来的行政助理西尔维以他们住在同一个社区为由，提议拼车上下班。他们的关系逐渐升温，一天，当他把她送到家门口时，她邀请他进去喝一杯……两个月后，西尔维说她怀孕了，男人提出让她堕胎，但是她拒绝了。为了维护自己的声誉，男人不惜一切代价。西尔维同意不将这段恋情公之于众，随后他们结束了这种亲密关系，她在孕相明显时辞职了。

西尔维要求男士给她经济补偿，他照做了。17年来，她一直不让父亲与儿子见面，每次她索要更多的钱时都会威胁他，如果不给钱就把这件事公之于众。他担心妻子发现他有私生子后会和他离婚，这意味着要付出更大的代价，而且他的两个女儿也会知道这件事，因此他同意继续满足西尔维的要求。

被勒索这么多年，他终于忍受不了了。于是，他决定采取唯一可行的办法来处理这件事：他向家人坦白，然后和工作单位、媒体交代了此事。他终于得到了解脱。接着，他采取法律手段，获得了儿子的探视权。虽然一开始父子二人关系不好，矛盾不断，但过了两年，只要时间允许，他们非常愿意见面。

有些人制造恐惧，有些人则受其影响。在任何一种情况下，原本就不正常的因素——恐惧，会让人处于0～3级区域，导致其自尊受到伤害，让建立健康的人际关系的可能性变为零。恐惧会毁掉一个人的生活，越早面对它，就越早获得解脱和成长。为了在0～3级区域取得成功、获得进步，我们必须避免在与他人互动时制造恐惧。

我们给予包容而非排斥的空间越大，我们的内心
就会越发平静。

——约翰·伦茨

第四章

聚焦人类动物园

原始策略，即灵长类动物的策略，自发地出现在关系冲突现场，它们狡诈多变，以至于我们必须很警觉才能将其识别，加倍警觉才能将其拦截。它们就像《哈利·波特》系列中霍格沃茨魔法学校的女校长兼变形术老师米勒娃·麦格的形象一样，一会儿以一种样貌出现，片刻后又是另一副面孔。本章的目的是为你介绍一个新标准，以帮助你识别这些策略的不同面孔，并检测那些不请自来悄悄潜入你生活的策略。

　　社会和人文学科的研究人员早已将它们分为三大类：战斗（fight）、逃跑（flight）、僵住（freeze）。这三个术语使用非常广泛，甚至早已超越了心理学的界限，现如今人们经常谈论这一话题。1929年，哈佛大学医学院教授、生理学家沃尔特·布拉德福特·坎农首次在科学文献中描述了经典的"战斗-逃跑"现象。在0～3级区域，战斗的形式是直接或隐蔽的攻击，目的是驱赶、伤害或消灭对方。如果感到恐惧，并且相信自己不可能战胜对手，则会选择逃跑。其形式可能是回避、社交退缩、受害等。至于第三种选择——僵住，是之后产生的心理学概念，与完全无助有关；在这种情况下，中枢系统将不再服从指令，我们很容易沦为捕食者的猎物。

战斗、逃跑、僵住理论最初基于动物模型解释人类面对威胁时会发生的行为，后来这一概念被完善，并被命名为"一般适应综合征"。也就在这时，另一个新名词在大众词汇中广泛传播开来，即压力。这个词由汉斯·塞尔耶提出，感谢他的这一贡献。这位医生向我们大致介绍说：当我们在人际关系或其他方面感到恐惧或受到威胁的时候，生理反应就会被激活，这样能让我们做好准备，进行激烈的肌肉运动。无论我们选择战斗、逃跑还是僵住，其表现都是相似的：

- ■ 心率和呼吸加快；

- ■ 脸色苍白或潮红，或两者交替出现；

- ■ 抑制胃和小肠的功能，直至消化减慢或停止；

- ■ 对身体括约肌有普遍影响；

- ■ 身体多个部位的血管收缩；

- ■ 释放营养物质（特别是脂肪和葡萄糖）用于肌肉作用；

- ■ 肌肉血管扩张；

- ■ 抑制泪腺和唾液分泌；

- ■ 起鸡皮疙瘩，有人会说，"他们的汗毛直竖"；

■ 听觉丧失；

■ 隧道视觉（外围视觉的丧失）；

■ 瞬间加速的本能反应；

■ 颤抖。

这不是很震撼吗？而且这些表现并不受我们的意志干预。此外，这些生理反应大部分都与动物的反应相同。所有这些内部紊乱对机体来说代价很高，如果重复次数过多可能会产生如下一种或多种严重后果：疲惫、失眠、持续烦躁、注意力难以集中、性无能、精神障碍、创伤后应激障碍、恐慌。

通过学习如何停战，我们可以决定何时停止这些风暴，它们每发生一次都会对生理机能造成一些伤害，继而影响生活质量。在 0 ~ 3 级阶段，我们运用原始策略是最常见和自发的，此阶段的目标只有一个：识别出原始策略，阻止它们对人际关系造成影响。

由于我们的生存反应来自我们的动物祖先，为了帮助你应对这一挑战，我通过对七种动物的描述，介绍我们在冲突中所采用的不同形式的战斗武器。我们需要足够谦逊和幽默承认自己惯用的策略，并需要很大的决心阻止它们介入人际关系，特别是当我们的情绪达到顶点之时。

我请你注意一下亲朋好友的行为，并记下最令你感到厌恶的行为。这样，当这些行为出现时，你将不会再主动出击，而是被动反应。而且，凡事都有备无患，若你提前发现路上有蛇或刺猬，当你遇到它们时，就能更加克制自己了。另一方面，你可能已经控制住了灵长类动物的许多反应——如果是这样，那么接下来的内容将证实你的进步。

一位不了解停战重要性的男士

◇◇◇

杜贝（化名）先生是一个小地方的知名商人。他拥有几家企业，雇用了大约40个人。有一次他开会要迟到了，他来到车前，发现有人把车停在了自己的车的后面，他倒不了车。他按着喇叭，以此在周围的商店里寻找车主。时间慢慢过去，他紧张起来。过了十几分钟，他异常失望，开始辱骂那个还没露面的司机。又过去了十五分钟。最后，一位老妇人扶着助行器艰难地向汽车走来。杜贝先生大发脾气，对着妇人大喊大叫，说脏话，比手势。他的狂怒吸引了越来越多的人驻足侧目，而被他吓得手足无措的妇人瘫倒在地——心绞痛发作！

虽然老妇人最终获救了，她的生活也恢复了正常，但你可以想象，这个事件在这个小社区里传开了。老妇人没有找到残疾人专用车位。她只是要去药房取药，所以考虑到行走困难，她把车停在离药房门口尽可能近的地方。这一事件是否会影响企业主的声誉？会的，这可以肯定，即使他的愤怒是合理的。如果他选择了停战，他的耐心和理解就会得到赞扬。在这种情况下，要是我们任由自己被灵长类动物本能操纵，而不是让外交官参与进来，那我们会错过为自己加分的机会。对于这位男士来说，如果当时无法做出恰当的反应，他可以试着闭上嘴巴，深呼吸，将注意力从老妇人身上转移到控制住他的原始反应上，或许他就能在黄昏时为自己赢得一个满意而骄傲的微笑。

冲突情况下的七种原始反应

我们都知道，玫瑰花很美，但茎上有刺；蝙蝠传播病原体，却能让我们摆脱讨厌的昆虫。以下几页将要描述的每一种动物都是优缺点并存。如前所述，每个骰子 1 的对立面都是 6。由此可见，每种动物各自的优缺点不会改变：狮子面对逆境不会选择逃跑，它会直面危险，以王者和主人的身份自居。同样地，具有狮子气质的人虽然会倾向于将他的法则强加于人，咆哮着让对手害怕、屈服，但他的力量和勇气仍然令人钦佩。我们的目标不是把动物属性从生活中驱逐出去——这就像试图去除草中的叶绿素一样——而是阻止自己的敌对表现，并利用自身优势更人性化地处理争论和分歧。

咆哮的狮子

那些只想伤害对手（并往往成功）的人，对他们有任何期待都是徒劳的，但有一点可以肯定：狮子型人格的人就是战士。发生冲突时，他们令人恐惧、憎恶；他们是推土机雷内、威胁者麦克斯、龙卷风林戈。他们的武器是什么？是愤怒、拒绝、侮辱。他们积极应战、提出诉求，毫不犹豫地直面威胁。天性让他们善于战斗和攻击，而不是逃跑。与行为巧妙且阴险的操纵者相反，狮子型人格的人会挑明自己的立场，告发不公正的行为。你很快就知道他们的阵营；和他们在一起，非黑即白。

保持沉默对狮子型人格的人来说是巨大的挑战，特别是遭遇不公正的时候。如果真的任由灵长类动物的原始反应操纵自己，他们真的可以膨胀到伤害与自己有交集的人，甚至吞噬自己的程度。这时他们只有一个目标：不惜代价、不计后果地去战斗以赢得决定权。他们的逻辑就是统治，狮子型人格的人会为了让别人遵守他定下的法则不懈地战斗。

在人生最辉煌的时刻，他们干劲十足、勇猛果敢、精力充沛、富有魅力、野心勃勃且敢为人先。但他们的动机需要受到指引，狮子型人格的人要成为由智慧引导的外交官战士，而不是由本能和情感支配的灵长类动物战士。

话语宣泄

这是狮子型人格的人的第一张面孔：狮子型人格的人用话语与他人斗争。例如，发生冲突时，孩子的词汇变得非常有创意且有说服力："老烂土豆""臭狗屎""傻子"等。小狮子想激怒对方，让对方做出反应，从而证明自己比对方强大；他的态度有点类似于狮子的怒吼，让入侵者感到害怕，然后把入侵者驱逐出自己的领地。

不幸的是，在成年人中，吼叫声仍然存在，并常常夹杂着脏话、喊叫或怒吼。他指责、威胁、争论、侮辱、诋毁、批评……这些话语会永久地破坏宝贵的关系。职场研究证明，攻击和侮辱同事会在其心中留下长期创伤。在76%的案例中，冲突后的合作会持续困难。还记得爷爷让孙子在篱笆的每根柱子上钉一颗钉子，然后又让他把钉子全部拔掉的故事吗？这个故事有几个版本，但寓意都如出一辙：钉子一旦钉进去，即使被拔出来，洞也会永远地留在柱子上。当处在0～3级阶段时，说出的话语会在心里留下深刻的印记，在关系上留下间隙。人类不应该沉溺于这种场景反应。

> 生气的时候，开口前先数到十，如果非常愤怒，先数到一百。
>
> ——托马斯·杰斐逊

行为宣泄

狮子持续用吼叫威胁是一回事；它转为行动又是另一回事了。狮子型人格的人的人用拳头和武器进行激烈的战斗。暴力是他的盟友。他坚定而富有激情地斗争，以保护其"族群"或领地。面临威胁时，他不会坐以待毙。因为他自己就是救世主，他承担责任，反对虚伪，甚至会为他人出头。如果他赢了，往往是因为他对自己很有把握，他会为此感到自豪，对伤害、羞辱甚至击溃伪善者的行为毫无愧疚。他会满意地说，"他罪有应得"或"她只是不得不听我的"。从本质上讲，狮子型人格的人扮演了执法者的角色，他经常单方面制定规则，而他的力量却由他体内的灵长类动物控制。

如果你是狮子型人格的人，你不仅会发现这很容易辨认，而且还会为自己符合这些描述而感到自豪。毕竟，在动物界，狮子是丛林之王，是大家尊敬和钦佩的对象。它很清楚，对手没有任何机会。而对于人类，则有所不同。这种靠武力、权威支配他人的感觉，迟早会造成崩溃。狮子型人格的受害者最终会远离他，告发他，向法院、工会或亲朋求助，以阻止其继续攻击。即使是名人、总统、重要人物，都必须受到法律的制约。狮子型人格的人只有在自己的决心和力量受到前额皮层，即他体内的外交官控制时，才能成为真正的国王，甘地和马丁·路德·金就是如此。

谈谈公狮和母狮

◇◇◇

你是否观察过母狮的求偶过程？母狮会在公狮面前踱来踱去，用尾巴轻扫公狮的面颊。如果公狮拒绝交配，为了刺激它，母狮会去更年轻的异性那里碰碰运气，以此来要挟公狮。

一些人类，不管女性还是男性，也玩这种游戏。举个例子，一位男士把所有时间都花在工作上，而他的伴侣感觉到自己被忽略。一天晚上，他回到家，她打扮得漂漂亮亮，要和朋友一起去一个以调情出名的酒吧。她希望他意识到，如果他想让她留下，他最好改变自己的态度。这是一种要挟，使用的武器就是恐惧。她走了，整个晚上，他独自在家，强压怒火，而她则想让他也品尝一下，所有那些她独处的夜晚所感受到的悲惨。不幸的是，这种游戏是把双刃剑。要么她会遇到新欢，开启一段新恋情；他们的关系会逐渐升温，并破坏她的婚姻。要么她的伴侣主动出击，效仿她，寻求婚外恋。此时，除非外交官进行干预，否则原始反应会很快毁了这段婚姻。

下面有四个场景。你会发现，前三个场景在应对冲突时相当常见。你还会注意到，只要灵长类动物参与到辩论中，就只会扩大问题。第四个场景则表明，当每个人心中的外交官发挥主导作用时，一切都能顺利解决。

场景一：灵长类女士 vs 灵长类先生

◇◇◇

女士："哎呀，你终于回来了。我要和闺密出去玩，去情人酒吧！孩子和晚餐就交给你了。这次全靠你了！"

先生："你有毛病吧？我拼命工作，挣钱给你花，而当我需要休息的时候，你却要和闺密出去玩。如果你明天晚上不在家，请找个保姆，因为我也要和朋友出去玩！我要试试去调情，也许我会找到一个更喜欢我的女人！"

女士摔门而去。这两个灵长类动物头脑里满是恐惧、愤怒、悲痛和复仇的欲望。

场景二：灵长类女士 vs 外交官先生

◇◇◇

女士："哎呀，你终于回来了。我要和闺密出去玩，去情人酒吧！孩子和晚餐就交给你了。这次全靠你了！"

先生："我看到你已经穿得如此美丽了。我知道自己最近经常忽略你。这就是你想跟我说的吗？"

女士："不，不！我也只是需要呼吸些新鲜空气。不能总是我待在家里照看孩子。如果你想每天工作12个小时，那是你的问题。我还有其他事情要做！"

先生："很抱歉我对你要求这么多。我知道这对你来说非常苛刻。对我来说，也是如此。但我想让你知道，我是在乎你的。我本希望今晚我们能一起计划一些事情，而不是再次分开。"

女士："你早就应该想到这一点！"

女人离开了，但对丈夫的坦率和他说过的话无法完全释怀。如果她坚持最初的反应，他将无法继续爱她，很可能会选择离开她。

场景三：外交官女士 vs 灵长类先生

◇◇◇

女士："我知道你现在工作很忙，但我非常想念你。我们已经有几个星期没有在一起过夜了。"

先生："别没事找事，我今天已经有一堆问题了！"

女士："我明白。那我们可以明天讨论这个问题吗？我想跟你说些非常重要的事情。"

先生："明天再说！现在能让我安静几分钟吗？"

能够与丈夫有效沟通吗？对此，女士感到绝望。先生似乎没有转变为外交官的能力。结论与前一场景相同：如果他一直不成熟，她可能会选择离开他。因为他们不在一个频道。

场景四：外交官女士 vs 外交官先生

◇◇◇

女士："我知道你现在工作很忙，但我非常想念你。我们已经有几个星期没有在一起过夜了。"

先生："是的，亲爱的。我知道，我很抱歉让你一个人带着孩子，还要料理家务。我感谢你对我的支持和你所做的一切。我向你保证，一旦办公室里的事都解决了，我就会补偿你。"

女士："你能认可我的工作我很开心。我只是很怀念我们以前恩爱的夜晚。"

先生："我也怀念！明天出去吧？就你和我？我们都值得！"

他们两个人回归和平。她感到自己被聆听、被尊重。她已经能够说出自己内心的想法了。先生则学会了倾听与承担责任。这对夫妇大有希望。

操纵者蛇

蛇沿着高高的草丛爬行，不声不响地伪装自己，一有机会就突袭猎物，用毒牙咬住它们。蛇是人类社会中操纵者的完美写照。他在自己的领域中来回摇摆，人们永远不会怀疑他有毒，因为他果敢又随和。他靠封锁信息把自己伪装成受害者，并且传递不对称信息，以巧妙地改变指令。他坚信对方没有完成任务所需的能力，这样他就可以终有一天在外人面前抓到对方的把柄并检举对方，以此宣告获得胜利。或者，他看上去一脸无辜又毫无自卫能力，不愿承担责任并坚称自己是因为没有得到通知或收到了错误的指令而犯错。请注意，这就是典型的"有福我享，有难你当"！

还有一个典型的现象，就是父母在分手时利用手段疏远对方。他（她）温柔地哄骗孩子远离另一半，自己则扮演受害者的角色。他（她）给予孩子一切，只为得到喜爱，和孩子交朋友，却以卑鄙的方式在孩子面前丑化另一半，最终让孩子与其断绝关系，就因为他（她）认为另一半是所有问题的根源。

操纵型的蛇型人格也喜欢分而治之，因此，他会通过另一种形式的毒液，即散布流言蜚语，让其他人尽可能少地相互交谈。"丽思告诉我你要离婚？别担心，这是我们之间的秘密。你真可怜，一定很不容易吧！"而现在，这位同事认为丽思泄露了她的秘密，背叛了她，而事实上，操纵者只是在员工休息室外听到了谈话。

蛇型人格的人会见缝插针。"你当时告诉我你要在下班前拿到文件，我以为你说的是下周，你要去度假的时候！"但同事给他的文件封面上明明就写着日期。

他还掌握了狡猾之道，总会借口说他不想冒犯任何人；他只是想确认自己已经理解。甚至他自己有时对此都深信不疑。

当他成功伤害了某人时，会连声道歉，说这完全是他的无意之举，但实际上，他对此感到非常满意。

我们有时都会使用欺骗的手段来谋取一些东西。但蛇型人格的人可以说是为了"得到"某人而操纵，他们喜欢看到对方受苦，甚至因此而颓废。他们的态度对工作环境和家庭生活都有消极影响。他们是制造冲突的高手，尽管他们有时会发誓说自己并没有这样做。他们认为自己是帮助者，而非助长冲突的人。

蛇型人格的人可能会采取被动攻击的方式：开会时，他会开玩笑地向大家描述某位同事干的一件蠢事，或者他不经意地描述对手的弱点，向大家证明其无能。例如，他可能会说："我想经理已经在上周一按计划发送了这份文件。"而他明明知道文件还没有发。蛇型战士会不惜一切代价胜过对方，包括利用讽刺、贬低和羞辱。

确切地说，蛇型人格的人最难认清自己，因此也最难改变。他们相信自己毫无责任。

如果你觉得自己有蛇一样的特质，每个人都在远离你或找理由不与你合作，那么你有必要自我反省一下。谁知道呢，也许你就是这种类型的人呢！

蛇型人格的孩子会咬人，但成年人也会

◇◇◇

一位父亲告诉我，他的两三岁的孩子会咬他的姐妹，我解释说这很正常；这是他们表达愤怒的一种策略。父母的作用是教会他以更"人性化"的方式处理问题，尤其要让他开口说话，以期不再采取暴力行为。

不幸的是，成年人也会咬人。例如，在联邦监狱里，警卫必须穿上防护服才能进入某些牢房；患艾滋病的囚犯有时会咬他们，以传播疾病。在很多情况下，这种原始策略将人类置于与动物同等的水平。

成群结队的鬣狗

鬣狗是一种群居的捕食者，人类中的鬣狗型人格的人也很少单独作战。在攻击敌人之前，他会建立一个团体或至少结交一位盟友，这样他才会对自己的处境感到安心。他们一起反抗别人：批评和指责别人的行为，并互相安慰，说那个人的行为不可原谅，应被检举或惩罚。他们为自己辩解，指出自己不是唯一对那个人有不好看法的人，但他们显然不会明说那些有此想法的人是自己的同伴。鬣狗型人格的人的主要手段是选择脆弱或孤立的人下手。

从其粗鲁的一面看，鬣狗型人格的人就像学校欺凌者或街头帮派成员一样，他们的行为可能残酷到令人难以置信。这些人陶醉于受害者的无助和痛苦。在吓坏了的受害者面前，他们会感受到自己的强大、优越和权威。与鬣狗一样，他们笑得面目可憎。

从其最温和的一面看，鬣狗型人格的人可能仅限于嘲笑某人的衣着、步态、想法或任何他认为可以抓住的特征。他可以长时间追踪猎物。只要有一丝机会，他就会攻击。他首先力求取悦首领，并被其他成员接受。团体内等级制度森严：首领只需指挥，不用打仗就可以得到所有的利益，而且不用参与二次分配带来的斗争。狩猎结束后，鬣狗之间的合作就结束了。此时，争夺新的领导权就成了他们之间新的斗争，一旦出现问题，他们就互相攻击。

当鬣狗型人格的人的能量被外交官利用时，斤斤计较和权力游戏就会从他的行为中消失，个人就能够参与到富有成效的团队工作中并取得巨大的成就。

在西方，把鬣狗型人格的人视为丑陋和软弱，而在非洲文化中，它则被视为贪婪、暴食、愚蠢，强大并可能非常危险。

被一群鬣狗型人格的人袭击

◇◇◇

玛丽是一家医院精神病科的护士。她不仅敬业、能干、充满激情，还热情、爱笑、优雅、聪明，经常得到医生和上司的赞美。

由于经常得到上司的褒奖，玛丽不幸地引起了其他女同事的嫉妒。她们非常眼红，背地里说三道四，并一直等待她犯错，以便去领导面前告状。

有一天，玛丽的发小因精神错乱入院。他必须被关进隔离室，以防止他自残或伤害他人。当他平静下来，玛丽就去询问他是否需要帮助。发小回答说想吃一块巧克力。她的手提包里正好有一块，她撕掉包装递给他。发小吃了巧克力，非常高兴，并感谢了她。

几分钟后，另一名护士来带他离开隔离室，恰巧注意到他的嘴边有巧克力——她知道了巧克力的来源。终于，"完美"护士犯错了：医院规定禁止给隔离室里的病人吃任何东西——即使是他出来的前几分钟，即使他很平静，即使没有任何负面的后果。护士很快就把这个消息告诉给其他同事。所有人联合起来对付玛丽，并要求上级把她调到另一组去。她们说，因为玛丽置医院规则于不顾，她们不能再相信她。她们向精神病科医生透露这个消息，甚至威胁上司，让上司必须在她们和玛丽之间做出选择。

如果不是沉溺于嫉妒羡慕、流言蜚语、恶意诽谤、拉帮结派，而是给予提醒，情况就会大不相同。

在过去的几年里，玛丽曾目睹过同事们犯错，包括一次用药失误。这可能会给病人带来严重后果，但幸运的是，玛丽原谅了她们的笨拙，并没有向上级汇报，她知道任何人都会犯错，她选择和当事人一起谨慎地处理整件事。外交官的经验巩固了关系；灵长类动物的经验则衍生出了紧张、不公、恐惧、暴力、痛苦，有时甚至让人走上不归路。你属于哪一种人呢？

逃避的羚羊

羚羊型人格的人并不恋战，甚至还会不惜一切代价避免冲突或避免引发冲突，他非常谨慎，对人体贴入微。他忠诚、可靠、善良。无论你说什么，他都会同意。要抓住他的把柄几乎是不可能的。然而，面对想要攻击他的狮子、蛇或鬣狗型人格的人时，他要么逃跑（感到极度恐惧无助），要么僵住。据说，这种策略对于那些遇到社交威胁就焦虑不安的人特别常见。

羚羊型人格的人根本不明白为什么有人会想要伤害别人，因为这个想法对他来说非常陌生。他从来就不是捕食者；相反，他会努力帮助受害者，竭尽全力拯救同伴。他对别人的攻击完全无能为力，没有办法保护自己。他既不懂得戏弄，也不知道报复，甚至可能沦落到顺从、让位，不管自己曾取得过多么辉煌的成就，都不会为自己邀功请赏。对他来说，避免冲突比功成名就更有价值。如果晋升会在同事中引起嫉妒，或将他置于步履维艰的境地，他甚至会选择拒绝。

然而，逃避冲突既没有好处也不能降低成本。对羚羊型人格来说，停战意味着是时候拒绝被恐惧支配，对不公正行为采取行动，而不是一味逃避或宽恕他人对自己的不良行为。学习狮子型人格的力量和勇气来应对攻击者和当前局势，是这些小天使应该培养的技能。

僵住好几天

◇◇◇

杰森与苏珊娜结婚已经 36 年了。一天晚上，去看演出之前，他俩在一家餐厅里等位。苏珊娜站在他身后，说："杰森，我不再爱你了。我想离婚。"然后就转身离开了，杰森惊呆了。这时，服务员走来问道："两位？"杰森点点头，跟着服务员进去。他机械地吃着，让人以为同伴在卫生间，很快就会回来。然后他独自去看了演出，就像一个机器人，什么都感觉不到。他反复告诉自己，她很快就会回来找他，他无法相信在一起 36 年后（尤其是就在前一晚他们还相拥而眠），她会以这种方式从他的生活中永远消失。

当他回到家时，苏珊娜已经清空了她的抽屉，带走了所有东西，没有留下任何信息。

接下来整整一个星期，杰森感受不到任何情绪。他都没怎么睡，深感空虚，也几乎不吃东西，不洗漱，总之，他的大脑似乎和妻子一起抛弃了他。他花了很长时间才让生活回归正轨。

在羚羊综合征案例中，停战包括为使其摆脱紧张状态而做出的小小努力，生活慢慢回归正常：吃饭、洗漱、打扫卫生等。然后，羚羊型人格的人渐渐地得以恢复日常活动和人际关系，并重返工作。更快地采取行动，直面困难，是羚羊型人格的人必须学习的。

赌气的刺猬

当刺猬感知到威胁时，它会蜷成一团，收紧皮肤，竖起坚硬的刺。如有必要，它可以像这样保持几个小时，没有什么可以让它退缩。

在人类世界里，刺猬这种行为就是赌气、傲慢，他宁愿封闭在自己的怨恨情绪之中，也不愿向对方敞开心扉，倾听观点，分享情绪，展现脆弱。他们固执己见，不管对方说什么或做什么来请求原谅。在发生冲突时，钻牛角尖、生闷气、玩失踪就是刺猬型人格的特点。举个例子，某些刺猬型人格的人起誓说他们永远不会原谅父母所犯的错误。很明显，这一刻，他们忘记了父母对他们的奉献、温情、耐心和慷慨。

如果冲突得到解决，那肯定不是刺猬型人格的人主动的结果：他才没有这个能力。要么是参与争端的另一方停止了要求或攻击，给刺猬型人格的人足够的时间摆脱紧张的处境，要么是另一方展示出了自己脆弱的一面，从而向刺猬型人格的人表明他无须害怕。虽不会再直接谈及冲突，但刺猬型人格的人仍会记住这次教训，了解与这个人打交道的套路。

至少可以说，刺猬不擅长沟通，因为其策略是蜷缩起来，而不是开放和表达自己。要成为一名外交官，他必须学习沟通和谈判技巧。如果他想停战，就必须克制自己，不赌气、不钻牛角尖、不像贝壳一样把自己封闭起来。他还需要学会承担责任，放下骄傲，以改善人际关系、生活质量和自我评价。

终身除名

◇◇◇

这是一个常见的家庭故事：由于在紧张时刻脱口而出的一句话，刺猬型人格的人永远地切断了一个特殊的联系！在家庭聚会中，如果对方在场，刺猬型人格的人会避免出现。如果偶然在商店或街上遇到对方，刺猬型人格的人就会恢复其封闭和回避的态度。他感到自己被背叛、被伤害，这个事实掩盖了他在处理冲突方面的无能，他忘记了所有共享的美好时光，忘记了对方曾向他伸出援手，他自己也曾为对方提供过帮助。他一直在介意对方的错误，却从未看到自己的不是。只因这一个错误，他就永远切断了联系。

刺猬型人格的人本能地害怕敞开心扉，展示自己的脆弱。他为自己辩护，说他不需要任何人。事实是，他根本不知道如何运用其他方式来应对争端和分歧。当冲突持续时，一个新的问题就出现了：他发现每次冲突后只要对方在场，自己都会选择回避。从长远来看，通过采取同样的撤退策略，刺猬型人格的人把自己困在了这种防御机制之中。通过自我封闭，他放弃了学习，而这种学习却可以让他在自己的知识宝库中开辟新的选择，获得更具交际手段的解决方案，并强化适合自己的策略。这种不成熟的策略对他的信誉并非没有损害。在他个人和职业圈子里，最有交际手腕的人将与他保持一种礼貌但疏远的关系。

受害者黑绵羊

黑绵羊总是感觉自己是受害者，受到不公平的对待，被边缘化。在很小的时候，他们就不断地向父母、老师抱怨兄弟姐妹和朋友对他们的行为，并且喜欢通过哭泣来引起保护者的注意和同情。成年黑绵羊常常会感到自己遭受迫害，并利用他人的怜悯来获得庇护。一旦他感觉受到攻击，就会向权威人士检举攻击者，他自认为这样做非常合理，因为这样的话，他就充当了吹哨人。如果他面对一个单独的对手或问题，那他将很快回到他的常规机制中。他具备学习外交官策略的开明与天赋，并且希望能在团队中找到可以教诲他的人，但无论他在团队里做什么，总觉得有点隔阂。

被宠坏的让·菲利普

◇◇◇

让·菲利普是家里的第三个男孩，年纪最小，被父母宠坏了。父母原谅他犯错，把他当作婴儿来宠爱。他八岁了，却表现得像个四岁的孩子，语气和表情都不成熟。两个哥哥看穿了弟弟的伎俩，对他的操纵行为有点蔑视。只要哥哥们稍微批评他一下，他就会抱怨哥哥们使坏，蜷缩在父母怀里，哭泣着扮演受害者。父母很快就会可怜他，并且惩罚哥哥们，这就助长了他这种不良行为，让他越来越会操控。为了取悦父母，他在学校表现得很好，但只要遇到一点困难，他知道故技重施就会立刻吸引父母的全部注意力。

在这个案例中，停战必须由父母发起。他们鼓励黑绵羊的行为，让孩子无法获得对健康发展至关重要的个人能力和社交技能。这个年幼的孩子会越来越不被接受，不仅会被兄弟们排挤，还会被其他同龄人和大家庭拒绝。黑绵羊的名声将永远伴他左右，随着时间的推移，只要他遭遇任何困难，无论在人际关系上还是其他方面，黑绵羊策略甚至可能成为他的首选对策。

冷漠的猫

作为我们常见的猫科动物，猫有多种防御手段。它具有极强的独立性，偶尔还会无视对方。这也是猫型人格的特征：他不伤人，但有时对周围发生的一切似乎都无动于衷。

有些人就是有这种能力，他们可以把矛盾放进抽屉，甚至把它们永久封存。他们既不怨恨也不愤怒。他们冷漠，为避免触发适应综合征的所有生理反应，他们在冲突出现前就离开现场。这种策略不会造成伤害，也不会留下裂痕……自然也没有解决方案！猫型人类会说："我不明白你为什么要惊慌失措。"

他们的性格迫使别人为他们做决定，担责任，如果别人提出的解决方案收效甚微，就会被他们厌恶。猫好像总是非常冷静，非常有控制力，但其行为实则是一种逃避，缺乏直面问题的勇气和能力。他会下意识地告诉自己，这事终会得以解决，这实际上意味着别人会替他解决。猫在任何情况下都能够保持表面上的沉着冷静，如果他因此而位高权重，那么他的团队成员之间必然要先做好安排协调，用以解决冲突情况。猫可能会不得已与他们讨论工作，但他不会带来任何实际的东西。其结果是，最好的员工会因为上级缺乏领导力而跳槽。

猫会像蛇一样，难以自辨。他认为，自己的生存和生活哲学是完全合适的，外交官正在发挥作用。与羚羊的主动不同，猫是被动的；前者以最快的速度逃到尽可能远的地方，或僵在原地，感受与压力相关的所有症状，而后者则将自己封闭在冷漠之中。就好像问题的核心无法到达他的指挥中心；它徘徊在他的情绪外围。在他的案例中，停战则在于认识自己在这方面的局限，接受自己麻木的天性，并在冲突发生时建立一个特定的干预范围。他必须规划好时间，安排好日程（本书第三步提出的模型对他可能有用），以便让自己参与其中，而不是一直置身事外。他们的沟通技巧通常都很出色——就是参与度相对较低。

我们从祖先那里继承原始策略并逐渐向文明理性进化，但这些策略一旦被触发，就会使我们退化为动物。在体育运动中，我们调用的是那些最强壮、反应最快的肌肉。同样，通过使用这些原始策略，我们就成了原始反应奥运会的举重运动员。主动意识到这些原始策略在生活中普遍存在，并拒绝它们潜入我们的日常生活，这样我们不仅会改变自己的人际关系，也会改变我们自己。我们正在训练新的肌肉，那些能够自控的肌肉。正是这些肌肉孕育出了骄傲、自尊和更加和谐的关系。

> 有时，你能说的最有力的话就是什么都不说。
>
> ——曼迪·黑尔

第二步

承担责任

马拉松运动员和其他顶级运动员都曾说过，他们在比赛中都会遇到瓶颈期，这时必须在继续或放弃中做出选择。正如一些人说的那样，当"碰壁"时，解决办法就是不要看得太远。只专注于接下来的几步，几分钟甚至几秒钟！

此时到了解决冲突非常重要的一步——承担责任。就像那些运动员一样，你也面临两个选择：继续前行，需要完成承担责任的步骤；放弃旅程，重回指责、无视对方，切断与对方的联系，使用祖先遗传下来的其他策略。

在此阶段，我希望前面的章节已经让你相信，当你处在0～3级时，一劳永逸地停战是多么重要。

你即将迈出的这一步是最困难的。我们将用三章的篇幅来帮助你顺利完成挑战。首先，让我们谈谈我职业生涯中最大的收获——理性情绪行为疗法（REBT）。根据对6000多名心理治疗专家的调查，他们中的80%都在使用这一理论。由阿尔伯特·埃利斯创造的这一疗法，应该从小学一年级就开始教授。是的，教授年仅六岁的孩子！该疗法十分简单并富有成

效，具有很强的指导意义，让我们了解到我们对自己的情绪和
后续的行动负有全部责任。第五章将对此进行简单介绍。

第六章将介绍感知的规律。你会了解大脑用来感受周围世
界的一些机制。漫长的直立人时期的记忆，深深地影响我们分
析事件的方式。通过探索大脑如何得出结论，你可以了解到自
己的认知可能存在偏差，由此产生的反应可能被夸大了。你是
否也犯过这样的错误，责备完儿子，发现犯错的是女儿？了解
人类做出武断结论的机制，放缓解读现实情况的节奏，这样可
以避免人际关系中的不良反应。

第七章将通过进行一些练习和介绍冲击技术，让你重新思
考与身边人交流时应承担的责任。这些想法就如一栋建筑的不
同入口，即使是同一建筑，如果你选择从不同的入口进入，看
到的事物也会有所不同。因此，我们要学会从不同角度审视自
己的行为。

赞成还是反对

◇◇◇

莱娅前来咨询，希望我帮助处理一个困扰她的冲突。

当我开始与莱娅讨论责任的概念时，她认为我在反对她
（在支持对方），因为我坚持把讨论聚焦在她自己的行动和想
法上。显然她更倾向指责对方。为了让她明白我是支持她的，

我让她站起来，把手给我，让她试着把我拉向右边的墙，而我则用力把她拉向对面。我想知道这种表现是否与她在我们的关系中所经历的相似，而情况也正是如此。然后我向她解释说，到目前为止，她总是把注意力集中在对方的错误上，倾听她谈论烦恼的所有人也都是如此。这能成功吗？如果能，她就不会出现在我的办公室了。通过把她往相反的方向拉拽，即关注她自己做了什么，以及这次她能够以怎样不同的方式来做，我旨在为她带来新的视角。尽管这让她感到紧张，但她明白，其目的是帮她顺利摆脱僵局。

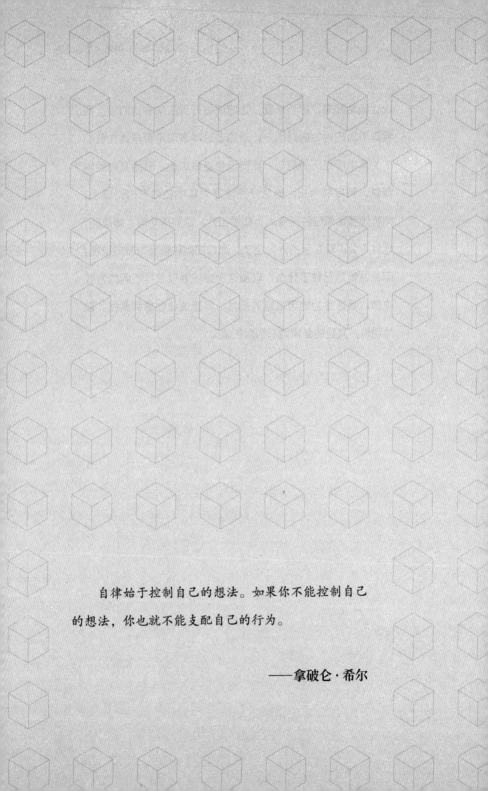

自律始于控制自己的想法。如果你不能控制自己的想法，你也就不能支配自己的行为。

——拿破仑·希尔

第五章

情绪的由来

我想用一句经典的开场白来开始本章的内容："很高兴和大家分享一个对我的人生起到决定性作用的理论，我希望这个理论也能对你们起到同样的作用！"在获得博士学位后，我选择前往美国，跟随冲击疗法的创始人、西弗吉尼亚大学的教授艾德·雅各布斯博士继续学习。他向我传授了由阿尔伯特·埃利斯创立的理性情绪行为疗法，该疗法是冲击疗法的一部分。虽然这个理论简单到连孩子都能学会，但是在承担责任阶段，却是必不可少的。它不仅对发生冲突时控制自己的情绪和行为有帮助，还能教会我们如何更好地处理生活中遇到的问题。

理性情绪行为疗法

　　让我们来看看在冲突中会发生什么。

事件（A）	突发的任何状况：孩子不尊重你、老板在你毫不知情的情况下开除你、姐妹不信守承诺等
解释（B）	每个人都会对自己经历的事件进行解释，而解释因人而异。这就是为什么对同一件事，每个人得出的结论都不相同。解释受到一系列因素的影响：个性、所受的教育、过往的经验、无意识感知、当前的情绪等
情绪（C）	情绪是解释的直接结果。请注意，它们有时是在无意识的情况下做出的反应（下一节关于感知的内容会让你相信这一点）。根据我们头脑中产生的想法，内心产生或愉悦或不愉悦的感觉
反应（D）	反应又是情绪的结果。就像你有一个储藏室放调料，一个专门的地方放餐具，另一个地方放衣服一样，针对不同的情绪种类我们会采取不同的回应策略。生气时的反应与伤心或抑郁时的反应存在很大的差异。每种情绪都有自己的解决策略

这四个步骤是相互关联的。让我们来看一个具体的案例。

雅克怀疑妻子对他不忠。一天晚上，妻子谎称要去见几个女性朋友。在她出门后，雅克在后面悄悄地跟着，结果发现她是去一个男人的家，那个男人就是她的情人。门打开时，雅克看到他们正在热吻。这就是事件（A）。

你认为当时他的情绪（C）是哪一种呢？假如你遇到这种情况，你的情绪会是什么？愤怒、气得发狂？背叛的感觉？或是恐惧、悲伤、羞耻、冷漠、内疚？所有这些答案都是可能的。面对同一情境（A），会产生几种不同的情绪（C），对此该如何解释？答案只有一个：解释（B）是决定性的因素。解释不同，产生的情绪也不同。解释有可能改变吗？绝对有，在这方面我们大有可为。

理性情绪行为疗法理论还进一步指出，如果你被有毒的情绪（C）困扰，那是因为你的解释（B）是不合理的。我们所说的2+2=4的情绪（基于客观事实的情绪）可以让人感到悲伤和失望，但就像清洗干净的伤口一样，可以自行愈合。而有毒的情绪来自2+2=9（来自非理性的信念），就像被感染的伤口——只会变得更加严重。另外，了解一个人的事件（A）和情绪（C）之后，我们可以推测出他的解释（B）。

想试试吗？

你认为，如果此时雅克气得发狂，他的脑海里会产生什么样的想法？他觉得自己的一辈子都完了？不，如果他这样想，他就会感到抑郁或焦虑，但他感到的是狂怒。如果他的情绪是羞愧，这将如何影响他的内在逻辑？会很不一样，是不是？

承担责任，就是在苛责别人或苛责自己前认真分析解释（B）。这是重新掌控生活和情绪的最好方法。

你听过一个人用锤子钉钉子砸到手指，然后偏说是锤子不好的故事吗？或是车主不给车做必要的保养，然后在车出故障时大发牢骚的事？还有一对夫妻责怪客人在他们俩都要工作的前一天凌晨3点才离开的事？把他们第二天要工作、需要睡个好觉这个情况告诉客人不是更容易吗？指责对方或某一情况确实比分析我们对事件的解释（B）容易，但是通过分析解释（B），可以改变很多事。

精神导师佩玛·丘卓教导我们，一旦我们采用一种逻辑来解释一种情境，这种逻辑对我们的情感束缚就会翻两番。然后我们就成了我们的解释和它所引发的情绪的傀儡，而从未想过要质疑这种"逻辑"，即解释（B）。

男人指责伴侣对他不忠。让我们分析一下：他对待伴侣的方式能否解释为什么他的伴侣会选择和别人幽会吗？也许他从开始交往就知道，如果他对她用情更深，她有可能会出轨吗？他是否屡次拒绝她提出的两个人谈一谈的提议？他自己是否也出过轨？他是否做了该做的事情来保持婚后的激情？一个人若是不对自己的行为和解释进行自我剖析，而是一味地指责别人的所作所为或错误，那么他会对上述问题置之不理。结果呢？倒退到原始阶段。我们无法改变别人的想法，但如果将注意力全部放在事件（A）本身，会导致我们被情绪冲击，其强度就如同一艘没有船长的船在暴风雨中颠簸一样。

人类作为一个物种，在进化初期，思考力不是一种默认设置。因为要想增加生存概率，就必须将注意力全部放在躲避危险上。

时代变了！威胁的类型和我们的选择也变了。我们现在可以选择把花在事件（A）上的时间重新投入解释（B）上，审视自己的内心。

若坚持认为事件（A）是问题所在，我们就会竭尽全力去改变它。然而，不幸的是，这种策略只会让我们产生无助和伤心的感觉。因为它加剧了原始反应，使我们成为被灵长类动物性操纵的木偶。这只会造成更多的裂痕，而不是起到桥梁的作用。

我们要做的并不是改变我们的想法，使之变为"积极的"。这根本不是重点。而是重新承担起我们的责任和反应能力，因为一旦我们有能力重新掌控自己的生活，我们将不再被变化无常的生活所操纵，反应也会变得更加人性化和理智，并因此产生自豪感，提高解决问题的效率。

他们的启示

纳尔逊·曼德拉被关在一间跟他差不多高的狭窄囚室里，被当作动物对待、被迫做苦工、吃狗都不愿吃的食物……这样的日子整整持续了26年！面对这样的苦难，他完全有理由自暴自弃。但他并没有心怀怨恨、大声叫屈、策划造反，也没有放弃追求和抗争。当他被问及常年生活在这样恶劣的条件下，且受到如此不公正的对待，却为何没有沉浸在怨恨中时他答道："我利用这段时间为自己做准备。"曼德拉是那些声称自己别无选择的人的最好榜样，他的经历告诉我们，不管外界环境如何，我们依然有一种选择——保持内心的外交官状态（其思想特征是成熟、有尊严），控制自己的思想。

另一个具有启发性的例子是维克多·弗兰克尔，奥地利著名精神病学家，在第二次世界大战期间他曾被德国人俘虏。在集中营中，他被迫要做一件非常可怕的事——搬运在毒气室中被残杀的犹太同胞的尸体，并将其放入焚尸炉中。他每隔一天才会得到一点食物，通常是清汤。每天只被允许在固定时间上两次厕所，和七个人挤在一张用干草当床垫的床铺上，周遭都是生病和遭受非人待遇的人。弗兰克尔意识到，在事件（A）上投入的精力越多，越会让人感到愤怒或沮丧，所以他把精力转移到其他事情上。他强迫自己回忆以前喜欢的歌词和诗歌，努力记住更多关在集中营里的人的名字，并且开始在头脑里写下这段悲惨时期的故事。战争结束三周后，《活出生命的意义》就创作完成了，直至今日，这本书依然很畅销。弗兰克尔的经历告诉我们，要想改变自己的生活，必须对自己负责，将精力放在解释（B）上而不是事件（A）上。

折磨人的"解释"

1999年，我的一个来访者坚信世界末日会在2000年1月1日那天降临。在2000年到来的前几个月里，她过着地狱般的生活（C）。她认为，就连伟大的诺查丹玛斯也曾这样预言，世界末日肯定是要到了。她在新闻中寻找关于世界末日的蛛丝马迹，以验证她的信念。她重新立了一份遗嘱（D），并花掉很多钱（D），为的是在她还有一口气的时候"享受生活"！然而，到了1月1日，她还活着，就像接下来的1月2日、3日、4日和今天一样，世界末日并没有到来。这件事让我们了解到，不合理的信念（B）能使生活变得多么悲惨。

另一个来访者告诉我，她害怕和老板见面，因为她怕老板解雇她。她跟老板的见面安排在星期四下午1点，她已经几天没有睡觉了。她脑子里产生的可怕想法足以写满好几页纸，在这里我就不细说了。知道她的情况（A：老板要求见她）和她的情绪（C：紧张、焦虑、害怕、恐慌），你可以推断出她的B："他要解雇我，我要没工作、没有收入了。如果找不到新工作，我靠什么生活呢？"

针对这种情况，理性情绪行为疗法给出的建议是什么？由于充分意识到是她的思想在毒害她的生活，在不知道老板想和她讨论什么之前，她大可不必编造一个更戏剧性的场景，而应该等着，看老板到底要跟她说什么。说起来容易，做起来难。可能是这样的！但是，当知道问题所在时，集中精力去解决这个问题，而不是在脑海中制作恐怖电影，不是更符合逻辑吗？

在发生冲突时，我们的想法可能像大火一样，火光四射，逐渐吞噬我们："我为她做了这么多事！她却这样说，她就是想伤我的心！""他并不关心我，对他来说，我开不开心并不重要！""她肯定高中毕不了业，以后的生活会很悲惨，我们的生活也一样。"你看让自己体验如坐过山车一样的感觉是多么容易。

要想握紧思想的缰绳，不仅需要纪律，更需要信念。需要充分认识到，它们是我们情绪的来源。我们倾向于关注事件（A），因为那是内心灵长类动物性教给我们的东西。但是请记住，我们无法控制他人和他们的行为方式，也不能控制扰乱我们生活的事件，这并不是问题产生的根源。因为即使是对同一件事，20个人也可能产生20种不同的情绪。要想保持自我克制，我们必须把精力放在解释（B）上，因为只有我们自己可以控制B。

经典的"所以"

　　有毒的想法会给人带来很多痛苦，而人们往往不知道如何在不自欺欺人的情况下改变解释（B），让情绪发生变化。比如，一个人刚刚失业，他的家庭财务状况出了问题："我失去了工作……"这当然是一个事实，一个2+2=4。这句话本身并没有问题，有问题的是他不自觉地加上的"所以"，即"……所以我将无法养活我的家人""……所以我会一直没活干，会花光我省吃俭用到今天攒下的每一分钱""……所以我的伴侣会离开我"。而如果他对自己说"……所以我得马上再找一份工作，削减家庭开支，争取救济补助来渡过难关"，那么他的情绪（C），将非常不同。他可能会选择往好的方面想，换份工作说不定是一件好事呢！对一个事件是用悲观、现实的方式还是乐观的方式进行解释，只有我们自己能够选择。

　　当然，把精力放在解释而不是事件本身上，并不意味着肯定会或自欺欺人地认为一切都会好起来，所有问题都会神奇地得到解决。有些情况实际上是很糟糕的，如亲人离世，财务或健康状况出现问题，发生自然灾害等，诸如此类的困难还有很多。由于这种事件本身就很严重，让人感到很痛苦，再加上灾难性的解释，只会对我们的心理状态和事情的顺利解决造成不利的影响。

为什么不把精力用在增强韧性，加速心理创伤愈合上呢？通过改变解释（B），你将改变情绪（C）和反应（D）。这样就可以避免一连串有害且代价高昂的麻烦了。

你有能力控制你的思想，但不能控制外部事件。
认识到这一点，你就会获得力量。

——马可·奥勒留

第六章

隐藏的元程序

我们的想法一再受到灵长类动物性的强烈影响以至于产生错误。在接下来的几页中，我将向你介绍七个元程序来帮助我们解读现实，这在遇到威胁时非常有用。为了生存，我们需要清楚且迅速地观察到危险的来源，这样才能以最佳方式做出回应。这些可以追溯到南方古猿时代（甚至更早）的元程序，今天仍然被每个人完全无意识地使用。当涉及生存时，它们的有效性是毋庸置疑的，但当涉及它们在冲突中的有益影响时，就是另一回事了。

承担责任意味着要时刻保持警惕，减缓我们仓促的理解速度，而非任由随之而来的连锁反应发挥作用。让我们来看看这七个元程序在冲突中会如何影响或伤害我们。

元程序一：关注危险

这个元程序的作用就是把任何责任复杂化，即当危险出现时，忽略其他一切甚至自己，100%关注威胁。典型的例子就是那个好心的撒玛利亚人，他在没有任何成功机会的情况下跳进冰冷的河水里想要解救一个溺水的孩子。他把注意力都集中在救人这件事上，并没有考虑到自己可能面临的险境。这也是我们在面对冲突时的做法：专注于局势或入侵者，对自己的行为却视而不见。我们都习惯指责对方，这很正常，但我们是不是没有注意到自己的过错呢？

把焦点转移到自己身上（而不是只关注冲突或对方）就是与这个元程序背道而驰的一种做法，而且极难成功。但是意识到这种本能，我们就已经有更好的办法来把从南方古猿时代流传下来的元程序赶出人际关系。当我们经历纠纷时，关注自己的行动，就是积极向前的最佳方式，就是从冲突中解脱出来的最好办法。

元程序二：隧道视野

在冲突中，为了加速进程，我们的大脑不仅只会关注对方，而且还会故意忽略非威胁性因素。我们的注意力只会集中在大脑认为最严重的事情上，即直接影响它的事情上。这就会导致我们对形势做出错误评判。

举个例子，一场自行车事故发生后，一名妇女站起来，头痛得厉害，并感到极度晕眩。过来帮忙的路人看到她的膝盖和肘部都在流血。但她的注意力完全集中在最严重的头痛眩晕的症状上以至于她本人根本察觉不到在流血。

当关系出现裂痕时，同样的现象也会发生，因为我们紧抓对方的过错不放，以至于对方的其他话语或道歉赎罪都会被我们掩盖或忽略。

回想一下你所经历过的冲突。你有受到过这个元程序的影响吗？相对于向本能反应屈服，考虑整个事件不是更合理吗？如果你也这样认为，那么你必须让自己回顾冲突的所有细节，而不仅仅只抓住最痛苦的部分。你还要告诉自己，你的理解可能会有偏差，反应可能过激。想象一下，假设银行忘了记录你账户中的一大笔存款，你会不会急于纠正这个错误？在冲突期间，你的关系账户处于一种消极的状态，这是因为账户中经常缺少存款。无论你是否愿意，这个元程序将持续发挥作用。只有认识到它的影响，你才能加以避免。

元程序三：为了熟记而重复

重复是学习之母。无论你想学习一门外语、一段乐曲，还是太极拳或其他任何事物，你都需要不断重复。每一次重复都会加深记忆。这就是我们的学习方式，我们的祖先也从中得到很多经验。多亏了他们，现在我们需要学习用来保护自己的内容会在内心自动重复。这就是为什么当发生争执时，我们往往会在脑海里回忆最激烈的一幕，或者更确切地说，这一幕自动在脑海里循环播放。这就是我所说的恶循环，它在我们脑海里绕来绕去，加剧我们内心的煎熬。它从不停歇，甚至在我们睡觉时也能正常运转。只要我们任由自己肆意妄想，大脑就会停止接收任何可能改善局势的信息。

想想烟雾探测器，无论你在做什么，当你听到警报响起的那一刻，你的注意力就会转移到寻找危险源头上，一旦你成功锁定源头，你会付出所有努力来排除危险。我们拥有这种应对威胁的检测器，当关系受到威胁时，它就会启动。与危险结束后自动关闭的烟雾探测器不同，我们的检测器没有这种自动选项，你必须手动关闭它。一场持续了几分钟的争吵，可以让我们的威胁检测器在事件发生后的几天甚至几个月内保持警觉。恶循环时刻都在让你保持警惕！如果你不进行有意识的控制，重新掌握思想的控制权，警报就会继续拉响，不会给你任何喘息的机会来关注其他事情。通过了解这种机制及其起源和存因，或者是它不存在的原因，你现在能更好地忽略它，将其手动关闭，并把你的注意力转移到更有成效的事情上。

元程序四：选择性记忆

你熟悉建档这个词吗？举个例子，当有人想解雇一名员工时，会搜集他犯过的所有错误，以证明解雇合理。这不是新计谋，它是由我们的祖先发明的。他们把"软件"免费传给了我们，这也是我们作为人类的基本套餐中的另一项内容。当我们遇到冲突时，大脑会下意识地"建档"来反对对方。因此，我们只会重温对方使坏的场景。

选择性记忆和隧道视野之间有什么区别？前者发生在事件之后，而后者在事件发生时。

会诊时，我把DVD光碟放在客户的左手边，其数量就像他与对方相处的月数或年数一样多。我给他最后一张DVD，叫作花絮，代表他在心里为他在这段关系中所经历的困难时刻做出的剪辑。他看了最后这张DVD，然后把它介绍给其他人，并利用它来说服自己最好结束这段关系。我有时会问来访者："谁剪辑了这个视频？视频有多长？标题会是什么？谁是坏人？受害者又是谁？这些片段在你的脑海中审查了多久？每次都能让你感觉良好吗？"

那些共同生活了二三十年的夫妻，在冲突最严重的时候，只会记得他们不愉快的时刻。他们似乎记不起是什么见证了他们的婚姻和组建家庭的决心，直到他们了解到灵长类动物的伎俩，才选择观看他们一起生活的所有DVD，而不仅仅是灵长类动物剪辑的花絮。一旦我们把权力交给祖先留下的自动机制，我们的生活就失去了人性，解决冲突的可能性就会大大降低。

因此，我会邀请客户重新审视他们左手边的DVD，并向我讲述上面记录的美好时光，特别指出不同的场景：有趣、温暖、感人、互助、共谋、和谐和兴奋。然后一些人就会意识到，他们已经很久没有重温这些美好时光了，但它确实是记忆的一部分。

这也是我要邀请你做的事：请考虑到构成你和对方生活的方方面面。不要只局限在遗憾的那部分。

在客户的右手边，我放置了一张空白的DVD，代表未来的一年，以及故事仍然可以改变的事实，因为它还没有被记录下来。我邀请他们问问自己，他们希望看到什么事情发生。

那么，你打算在下一张DVD上和对方一起记录些什么呢？你可能已经规划好了，不管你有没有意识到。为了改进它，甚至让它成为一张畅销DVD，让你心中的外交官——那个熟知并主宰元程序的人担任主角，为此你会怎么做呢？

元程序五：放大负面影响

为了迅速调动防御系统，提高我们应对危险的反应能力，负面或可疑的刺激——无论它们来自感官系统的何处——都会被放大。在真正的威胁来临时，这会提高我们的生存机会。

在冲突过程中，我们不仅把注意力集中在问题本身，还集中在问题最艰难的部分上（元程序四），而且还将之放大！假设你躺在床上，听到房子玄关处传来一阵奇怪的声音。这时周围其他声音会立即消失，你的注意力将完全集中在你听到的怪声上：它是否预示着危险，抑或是无害？每一次怪声都像鼓点一样敲在你的心头。只有证明它是无害的，你才能重新入睡。

这种自动反应的弊端是，如果有人对你做出所谓的"建设性"评价，那么这个评价很快就会带上责难的色彩，并被放大到无法辨认的地步。关系破裂造成的损害在生活的各个领域都是巨大的。

与其关注同事的批评，不如记住他们过去对我们说过的好话，宽恕肯定会更容易。询问其他人的意见以确保自己绝非这种防御机制的傀儡，也是正确对待我们内部经验的一个好方法。

了解了这个系统发育的陷阱，当我们要给别人反馈的时候，强调我们的积极评价，并用触碰或微笑等方式加以支撑，能帮助对方更好地接受。

元程序六：背景诠释

　　我喜欢利用"视觉陷阱"让来访者了解大脑的自动性功能。在下面的例子中，虽然两个怪物的体形相同，但前面的怪物看起来比后面的怪物小得多。你不信？来吧，测量一下！

　　我们的大脑会利用来自特定环境的信息快速得出结论。令人惊奇的是，即使我们测量了这两个怪物并看到它们的大小确实相同，大脑却仍然在欺骗我们。这告诉我们这个元程序非常顽固且难以改变。当冲突发生时，这种类型的错误可以适用于你对对方的看法上吗？当然可以！这个人

向你表明他对问题不负有责任，但尽管如此，你的大脑仍然会把他看作责任方。

　　这种自动性不仅适用于冲突，也适用于一般生活。举个例子，如果你身处丛林，感觉有东西在肩膀上移动，你可能立刻认为那是一只讨厌的虫子。如果同样的感觉发生在你在客厅里安静地阅读之时，你家猫的活动或外套的移位将会是你想到的第一种解释，而这对于自主神经系统的影响将大相径庭。

因此，如果你对另一个人的心理背景是你不信任他，那么你就会用负面偏见来解释他的行为或话语。你的反应将由此产生。你可能有过这样的经历：一个人在会议上发表了言论，参会者的反应却各不相同。虽然听到的都是同样的话，但每个人对这个人都有不同的心理背景，这在很大程度上解释了反应的多样性。

当我们经历冲突时，心理背景会歪曲我们的解释，把我们封闭起来，只保留自己诠释的版本。所以，要警惕大脑呈现给你的东西，特别是当你对某人怀有激烈情绪之时。即使你认为的东西看上去好像很真实，可那也可能只是个幻觉！犯罪小说和好莱坞电影中充满了这样的骗局：反派并不是你认为的那个人……而这种情况在我们的日常生活中也经常发生。当面临冲突时，一定要敢于质疑你最初的感受。

粗心的莉娜

◇◇◇

莉娜的粗心是出了名的，她很健忘，经常在最后关头忘记事情，但她似乎从不惊慌。相反，她对此一笑了之，却总能设法应付且达到要求的效果。对她来说，没有什么严重的问题。她深信一切都会解决，即使她没有处理问题的具体方案。而奇怪的是，大多数时候，一切最终都会解决，就像施了魔法一样！有些人喜欢她，他们发现她平易近人、轻松自如，对各种想法持开放态度；其他人，特别是她公司的项目经理，谴责她不严谨、不勤奋、不可靠。

有一天，莉娜参与的一个项目要上交，经理却被告知这个项目还没有准备好。尽管这个项目有好几个人参与，但她立即怀疑是莉娜的错。她把大家叫到一起，问莉娜的工作是否已经按照约定的日期完成，她得知莉娜迟了两天才交出她的部分。会议在这种情况下结束了，因为经理非常生气，无法继续讨论。傍晚，当经理纠结于这种情况，准备解雇莉娜时，一位同事来到她的办公室，告诉经理是自己晚了一个星期把文件交给莉娜，而莉娜通过提前五天（只花了两天时间，而不是原计划的七天）完成自己的工作挽救了局面。这是一个不容小觑的成就。

你认为经理会因为这个新发现打消对莉娜的任何怨恨吗？不！就像一个设法证明自己无罪的囚犯一样，许多人仍然对她抱有怀疑，尽管这些怀疑是完全没有道理的。这是大脑对我们玩的一个把戏，以确保我们安全，不受伤害。正如一位智者提醒我们："不要相信大脑告诉你的一切。"仅仅根据上下文就下结论，很少是个好主意。最好保持开放的心态，给对方一个机会来陈述他的观点。

元程序七：以相似性归类

另一个视错觉：你在右边的插图中看到了什么？

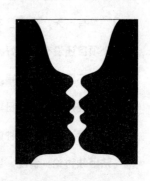

鉴于大脑分析同时到达的所有信息的能力有限，生物进化为我们提供了一条捷径，那就是建立广泛的类别，在相同类别中，与一个元素相关的所有品质都被其他元素共享。这种内置的功能有很多优点。例如，如果你从烤箱取菜时烫伤了自己，那么下次很有可能不会再发生这种情况：你学会了把任何热的东西放到名为危险的文件夹中。因此，这种方法重要且有效；你不必在大脑吸取这个教训之前烫伤自己一百次。

这一原则在我们所有的认知中都在发挥作用。例如，在上面的插图中，通常大脑会把看起来相同的东西归成一类。如果你首先看到的是白色部分，你会得到一个高脚玻璃杯。但当你在黑暗部分看到一个人物时，你的大脑会自发地寻找其他人物。这时，你将看到两张面孔。这种加速我们对现实解读的安排是自动完成的，我们无须干预。这种机制在我们遇见的所有情况中都在起作用。再让我们看看一些例子。

你的好朋友与你的死对头在一起。你立即得出结论，他已经换了阵营，你决定与他保持距离，尽管他可能一直在为你努力。你撞见你的伴侣在和他的前任喝咖啡。你确信他不忠，或者至少他在考虑出轨。即使你有证据证明是你弄错了，这些新结论也会持久困扰着你。这种元程序在许多方面导致了我们对现实的贫乏认识。旅行时，当我们被问及来自哪个国家时，我们会被自动归入与该国家相关的类别："啊，你是加拿大人！"在大多数情况下，问题就结束了。对方脑海里已有的信息往往能回答他们的其他疑问。

你认为士兵这个类别有什么特点？小偷呢？富人和名人呢？穷人呢？是的，你也建立了与各种类别相关的内部文件，这些文件将你隔离在一个只存在于你头脑中的"小小世界"里。

尽管这种无意识的机制在引导我们紧急情况下迅速做出决定方面具有不可否认的价值，但当我们遇到冲突时，它却对我们不利。它和所有的元程序一样，特别僵化，让我们自动屏蔽新的信息。除非我们完全意识到这一限制，并重新控制我们的思想和行动，否则最初的判断将占据优先地位。

请你重新阅读本章中对七个元程序的描述，它们中的某一个是否在你所经历的冲突中发挥过作用？请注意，拒绝回忆是灵长类动物的另一个诡计，它尤其不想让你承担责任！继续把对方看成坏人要舒服得多。但外交官在告诉你另一件事，你会用心听吗？

生活是一门没有橡皮的绘画艺术。

——约翰·威廉·加德纳

第七章

练习承担责任的 9 个方法

在一些非常有特色的小店里，可以淘到各式各样的宝贝。你可能因为小物件有个性、实用或实惠，马上就喜欢上它们。买到心仪的宝贝，走出商店时你会兴高采烈，神采飞扬。

正是本着这种精神，我写下了这一章。我请你逛一逛商店，这里有丰富的经验和简单、易得且实惠的工具，可以让你轻松地承担责任。希望你会为这些新发现感到兴奋，乐于将其付诸实践，并与亲人、客户、学生或工作团队分享这些新发现。请注意，每一个方法都会在本计划的下两个步骤中发挥作用。在后面有需要时，我会适时地提醒你。祝你购物愉快！

扑克牌分析法

我通常用这个练习开始承担责任阶段，该练习可在夫妻间、家庭中、教室里进行，同时也适用于职场，这个练习可以让人们及时地进行自我反省。

这个练习的灵感来自美国著名的心理学家和讲师利奥·巴斯卡利亚博士，他被誉为"拥抱博士"。根据他的观点，要想拥有健康的关系，需要具备五个基本要素。

灵活性：能够考虑他人的需求和愿望。在一段关系中，事情并不总是按照我们的意愿发展。

付出：任何有价值的东西都需要努力才能获得。为了享受给予带来的愉悦感、改善关系而付出，要知道，优秀的投资者是不会等对方先迈出第一步的。

沟通：平等交谈，使用充满感激的话语、同理心倾听，以坦率真诚的开放态度来培养一段关系。

成熟：能够在对方表现得不够友善时，不使用同样的语气与其争论，保持冷静，体谅别人。

幽默感：在日常生活中增加一些幽默感，特别是在关系紧张的时候。

进行这个练习，需要在脑海中回想下此刻正在经历的（或经历过的）紧张关系的具体情况。正如利奥·巴斯卡利亚博士所说："我们最终会成为什么样的人，不取决于我们在一帆风顺时的表现，而是取决于我们在事情进展不顺时的所作所为。"

这个练习可以在两人间或小组中进行。把一副或多副扑克牌在桌子上摊开，确保可以看到所有牌的正面，然后选择一张牌，代表在发生冲突期间你对五个基本要素的遵守程度。最小的牌是2，最大的牌是A。由于我们往往容易高估自己，所以我建议在选牌时想想对方（那个正在或曾经与你发生冲突的人）会给你哪张牌，然后将这两张牌平均一下，这是最接近真相的一张牌。比如，你认为你的灵活性是J，而对方给出5，那你就应该拿8。发生冲突的双方在做这个练习时，每个人都必须说明选择那张牌的理由，得到对方的认同后，游戏才能继续。

一个人有可能在一两个要素上拿到很大的牌。比如，父母在对孩子的付出方面通常可以拿到Q、K甚至是A。他们为孩子做饭、打扫卫生、开车送孩子参加活动、安慰孩子、给孩子买衣服和提供零花钱等。父母举着这张牌让孩子帮忙干家务，让孩子对他们的付出心怀感恩。"我为你做了这么多，你至少可以……"很多父母经常把这句话挂在嘴边。然而，孩子通常只得到小牌，而那些小牌就是他们的父母给的。通过把大牌和小牌都摊开给所有人看，每个人都公开承认自己的优点和缺点，狂轰滥炸就会停止。这也平衡了一开始只看到小牌的做法，把牌全部摊开，每个人的大牌也被直观地显示出来，提醒人们不要忘记大牌的存在。下一步就是选择一张牌，在一周内对这个方面进行改进，前提是要保证设定的目标符合实际。

例如，妈妈通过努力，可以在灵活性方面从5升至6，她的大儿子可能选择通过改善沟通，将3升至5，小女儿可能在付出方面从5升至6等。每个人都将注意力放在自身取得的进步上，意识到自己确实有一些地方需要改进，而不是整天盯着对方是否按照自己的预期有所改变。要知道金无足赤，人无完人，每个人在人际关系方面都有需要改进的地方。把矛盾产生的根本原因归咎于某个人，对那个人而言既是指责也是羞辱。

承诺越明确、越具体，就越容易承担起自己的责任，也就越容易看到进步。例如，在灵活性方面，从5升到6，可能就是孩子可以选择在晚饭后做作业，而不是像父母一直要求的那样在放学回家后就要开始做作业。对孩子来说，改善沟通，就是要多对家人的付出表示感谢，每周与家里人至少进行五次正面、真诚的沟通。

这五项基本要素可以根据不同的情况进行调整。团队、家庭或班级的成员可以选择他们自己的要素，而不是利奥·巴斯卡利亚博士列出的这些。比如，守时、互帮互助、分担等。要素甚至可以由参与者根据他们之间的关系决定。那么要想实现良好的职场协作，营造良好的课堂氛围，创造舒心的家庭环境，需要哪些要素呢？

在上述五个要素中，你觉得自己哪个方面做得最好，最值得骄傲呢？

在与人发生冲突时，你需要改进哪个方面？此时与你产生冲突的人身上有哪些优点？所有与你发生过冲突的人是否都有同一张让你反应特别激烈的小牌？通过思考这些问题，你将意识到在人际关系中自己要承担更多的责任。

真相圆环法

真相圆环法无疑是我的十大最有用的工具之一。

在一张白纸上，画三个同心圆。

位于中间最小的圆圈，代表生命中至关重要、缺一不可的元素。包括价值观、最在意且对生活质量影响最大的人和事。

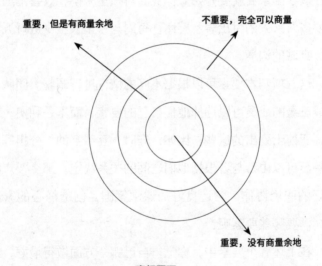

真相圆环

第二个圆圈稍微大一点，包含一些也很重要的元素，但这些元素是有商量余地的，你可以更灵活变通地处理。它们会给你的生活带来一定的满足感，但没有核心圆带来的满足感强烈。

最外面、最大的圆圈，包括你不太在意或者根本不在意的人和事。

很多冲突的产生是因为我们不仅没与周围人讨论我们的真相圆环，甚至也没花时间去练习，认清自己的每个圆圈都包含哪些元素。如果没有充分认清对自己或对方而言最宝贵的是什么，就必然会做出伤人伤己的错误举动。

比如下面这对夫妻。对妻子而言，拥有一个温馨又时尚的家是她生命中的核心需求。她喜欢收拾和布置家，给家人营造温馨的氛围。而丈夫觉得花钱买新家具简直是太荒谬了，虽然家具已经有年头了，但也没坏，还能继续用呢！重新刷墙，想都不要想，他是不会让步的！他认为没必要花这笔钱，应该把钱存起来为退休做打算。翻新是绝对不可能的，除非是房屋出现问题，必须要修，他才同意花钱。

妻子逆来顺受地接受丈夫的观念，但她的生活失去了光彩和乐趣，失去了"生气"。她想说服自己丈夫是对的，但她感觉越来越难受。当她产生离开他的想法时，她又恨自己为了这么一点小事就想要采取如此极端的方式——这是她丈夫的原话。

妻子错在不了解自己的核心圆，所以放弃了本该坚持的立场，没有满足自己的核心需求。在这个故事里，丈夫看似是个坏人，但在承担责任阶段，这个练习可以引导妻子意识到她该承担的责任，并承认由于无知，在对她最有价值的方面她太容易让步了，以至于两个人走到了要分手的地步。

每个人生命中的核心需求是没有商量余地的，它是心脏跳动的原因。往往不能用道理去解释为什么某些价值观对一个人而言是属于核心圆的，而对另一个人却属于第三圆圈（甚至更远）。为了使人际关系变得快乐和充实，我们必须尊重和重视自己和他人的核心需求（靶心）。要想建立和谐、健康的关系，不仅要培养自己的核心需求，也要认清对方的核心需求。

一旦触及核心需求，影响立刻就会显现出来。如果是出于保护和尊重它，情感距离就会拉近。如果是为了限制或嘲笑它，两人的关系可能不会走得太远，可能只是浅交。这一原则适用于所有类型的人际关系，无论是私人的还是职业的。

如果你都不清楚自己的核心需求是什么，又怎么能去责怪别人不尊重它呢？你是否了解跟你关系紧张的亲人、同事、朋友的核心圆里都包含哪些元素呢？

有些冲突产生的原因是，一些元素属于一方的核心圆，而对另一方而言却属于不太重要的那个圆圈，争论往往是为了证明谁是对的。但是，在承担责任阶段，目的不是为了证明孰是孰非，抑或是让对方接受自己的观点，而是通过共同努力，尽可能去了解、尊重彼此的核心需求。

真相圆环法介绍了一种新的爱的方式：理解、尊重、培养我们所珍视的人最在意的那部分，让他们感觉到自己被人爱着，由此产生安全感。一旦感觉受到尊重，信任感就会增强，也就更愿意向对方敞开心扉。被爱的人会变得更美丽，更有耐心，更温柔，也会更快乐，双方的关系也会得到改善。

不一样的核心圆

◇◇◇

对妻子来说，准备丰盛的饭菜，把家里打扫得干干净净是属于她的核心圆中的元素。而对她的丈夫和儿子来说，这些东西在他们的第三个圆圈中。他们更喜欢购买冷冻食品，加热一下就好了，这样就不必花时间买菜、做饭、洗碗，也不怕一次吃不完，饭菜坏掉，造成浪费。至于房屋保养方面，他们很乐意请人每两星期来打扫一次卫生，这样他们就不用承担这项工作了。还有，他们很喜欢"活"的家，东西摆得太整齐反而让他们觉得缺少了生活气息。

妻子的解释：她认为丈夫和儿子在"利用"她，在虐待她（B），在等着她把所有的活都干了。很显然，她的解释是错误的。真相是她的高品质生活的标准（整洁的环境、健康的饭菜）对丈夫和儿子而言并不重要。当然，他们双方的观点都有一定的道理。

那么在这种情况下，该如何顺利完成承担责任阶段呢？

妻子应该改变她的解释，避免产生沮丧情绪（C），和家人闹别扭（D）。她需要意识到，对她来说重要的事情并不等于对所有人都重要（2+2=4）。或许她可以接受他们的建议，请一个清洁工来打扫卫生？这样就可以降低"被利用"的感觉了。而如果她不愿意请清洁工的话，那么就应该是她自己花费时间和精力去做这些事，以此满足自己的内心需求，而不是等着家人替她干这些活或接受她的观点。漠视自己的需求会使她更加痛苦，既然她的幸福全系于此，她就必须在这些需求上投入精力。

现在丈夫和儿子了解了她的真相圆环，清楚了她对饮食和房屋保养的重视程度，知道了尊重她核心需求的举动会被视作爱的表现。与对她不太重要的事情相比，忽视她的核心需求的后果是很严重的！即使双方在这方面秉持不一样的价值观也没关系，只要不对她的核心需求指手画脚就已经是朝着正确的方向迈出一步了。他们还可以一起讨论对方的核心圆里都包含哪些元素，该如何更好地满足这些需求。

如果双方核心圆里的需求存在不可调和的矛盾的话，问题可能仍然存在。比如，丈夫喜欢打猎，而妻子反对猎杀动物，尤其反对以杀戮为乐。她试图说服自己，告诉自己她吃肉，因此必须有人宰杀动物，这种做法是没问题的。但当她看到丈夫一箭射中鹿脖子时那兴高采烈的样子，她的心都碎了。而丈夫则认为妻子很虚伪，很幼稚。如果这些对立的元素对双方而言都位于核心圆的话，那么他们之间的矛盾是不可调和的。但是若对其中一个人而言，这些元素是属于第二个圆圈的，那么分歧是可以接受的。

某件事对一个人而言是属于核心圆的，而对另外一个人而言是属于外面圈圈的，那么根据真相圆环人际关系观点，不管是哪一方都要尊重处于核心圆的需求，因为这是给人际关系带来影响最关键的因素。

幸福的旅行

◇◇◇

一对夫妇为享受退休生活买了一辆汽车，从秋天开始他们就去了佛罗里达，计划在那里过冬，待到 4 月再回家。可是，3 月初的一天早上，丈夫醒来后突然对妻子说："我想回家。准备今天就走。"他们已经付了后面三周的住宿费，还不能退款。虽然妻子很喜欢这个地方，并且已经做好了后面几天的计划，但她了解自己的丈夫，她知道，他提出这个要求是因为这对他来说真的非常重要；而对她而言，多待几天这件事属于她的第二个圆圈。她没有和丈夫争论、讨价还价或抱怨，而是说："如果你想走，亲爱的，那我们就走吧！"她重视他的需求并愿意毫无怨言地满足他的需求，这件事被丈夫看作是爱的证明，他们的夫妻关系因此变得更加牢固。

等级表法

我经常使用这个等级表，因为它非常简单且极其有效！首先，和前面的案例一样，它可以帮助我们明确在双方心中最重要和最不重要的元素分别是什么。当我们意识到自己把对方认为是10级的事情当作0级或1级对待时，就能理解他们的过激反应了。反过来，如果对方是因为不知道某件事对我们而言是8级或9级而伤害到我们，我们就不会再责怪他了。这个简单的小工具帮助我们从另一个角度去看待我们做过的引发冲突的举动。

谨言慎行

◇◇◇

乔治戴着一顶假发。他非常在乎自己的外貌，对任何关于他外貌的评价都非常敏感。他从五年前开始和弟弟以及另外三个人合伙做生意。虽然这些合伙人都很热情友好，但乔治对自己的私生活讳莫如深。一天到了开会的时间，其他人都已经到场，只有弟弟姗姗来迟，当他看到哥哥时脱口而出："嘿，你换假发了！"乔治非常生气，觉得很丢脸，满面通红地离开了会场。弟弟却不以为然，笑嘻嘻地向哥哥道歉，因为他觉得哥哥戴假发是个公开的秘密，而且很明显这次又换了一顶新的假发。然而，如果他意识到，对乔治而言，这个问题是10级；反过来，如果乔治意识到，对弟弟而言，这个问题是1级时，情况就会出现明显的好转。弟弟承认他的评论对乔治来说是多么伤人和羞辱，并表示他再也不会谈论这个话题或其他与外貌有关的话题。得到弟弟的理解，乔治会更愿意原谅他。

当我们不得不与价值观截然相反的人交往时，可以预料到双方关系会很紧张。在上小学或中学时，甚至更早的时候，每个人都经历过团队合作。团队中有一个急性子，而另一个则有拖延症。有一个是完美主义者，另一个则是"差不多先生"。为什么这些工作最后还能完成呢？通常情况下，工作是由责任感强的那个人完成的，但这个人可能会情绪失落。如果从一开始就清楚每个人的定位，就可以创建更加和谐的团队了。团队合作的支持者认为，差异的存在要求团队成员要加强彼此间的沟通，并学会处理争端和分歧。我不认同这个观点！如果说在这种情况下有什么值得学习的地方，那就是保持高标准，即使这意味着可能需要由最有雄心壮志的那个人独自完成全部的工作！虽然对团队工作贡献最小的成员也能享受到团队取得的成果，但是真正做了工作的人既取得了成果又学到了新知识。

尽管我们不能强制要求对方去承担责任，但我们要对自己负责，重视自己的7、8、9、10级，因为正是它们给我们带来真正的满足感。

采用理性情绪行为疗法
◇◇◇

假设把一个将工作质量标准定在9级的人和一个标准为2级的人放在同一团队中，他会感到愤怒和沮丧（C），他的解释（B）是什么？可能是："这个懒人，他占了我的便宜。这个无能之辈，多亏了我，他将取得他不配得到的成果。就因为他，我得一个人干两个人的活！"顺利完成承担责任阶段的人，会实事求是地看待这件事："马克对学校不感兴趣，这个工作对他来说并不重要。他怎么样与我没有关系。既然抽签分到一组，要是我想达到自己的工作标准，我就得把两个人的活都干了。"虽然会感到有些不满，但不会对对方产生敌意。反应（D）是让人采取行动，而不是相互指责。

使用这个小小的等级表可以让情况变得更加明朗。让我们来看最后一个案例。

与家人在一起的星期日

◇◇◇

来自摩洛哥的阿拉米夫妇非常重视星期日晚上的家庭聚餐。三个儿女及孙子孙女都住在同一个街区，他们对此非常满意。因为每个星期日，孩子们都可以回来陪他们吃饭、共度一个晚上。但是，对十几岁的女孩索菲亚来说，每个星期日都去祖父母家，她觉得很烦，再也不想去了。索菲亚父母坚持让她去，甚至逼着她去，但她坚决不去。他们只好替索菲亚找借口，说她课业太忙了，所以没来。

使用 0 ～ 10 级的等级表，第一步要做的就是明确每个人的立场。对祖父母来说，星期日的晚餐是 10 级；对他们的孩子来说，是 7 级；对索菲亚来说，是 0 级，与朋友相处才是 10 级，这才是属于她真相圆环的核心圆内的元素。这些数字可能不会改变，所以没有必要在这个方面浪费精力。真正的问题是：我们应该尊重哪个数字呢？ 0、7 还是 10 ？我们应该强迫 0 级的人，因为少数需要服从多数吗？尽管对孩子来说，这件事是 0 级，依然要逼着孩子星期日晚上和家人在一起吗？而如果硬让她这样做，到底在教她什么？家庭比她更重要？为了取悦他人要忽略自己的感受？或者更糟糕的是，她应该为自己的 0 级感到内疚？如果大家真心想参加家庭聚会，那么肯定都过得非常开心。要是硬逼着索菲亚每个星期日都待在祖父母家，她会开开心心地陪着他们吗？

理解彼此的感受标志着朝正确方向迈出了第一步。第二步：遇事要互相商量，不应该固执己见。用恰当的方式去告知他人你的决定，而不是撒谎，这是第三步。

"奶奶，爷爷，我知道周日晚上所有人都回来这件事对你们来说是多么重要，你们可能整个星期都在盼着我们回来！但是从现在开始，我只能每个月的第一个星期日过来陪你们了。我每天要学习，还要弹钢琴、见朋友，真的很忙。星期日晚上我需要在家做做运动或者和我的朋友们聚一聚。我希望你们能够理解。我非常爱你们！"

当然，她这样说祖父母并不一定能理解和满意她的决定。但是，如果索菲亚能够用这种方式来表达自己，承认家庭聚餐对祖父母的重要性，勇于承担自己的责任，而不是使用人类动物园的伎俩，她的情绪肯定会更加平静。

找不同法

无论哪种类型的冲突都有着强大的吸引力，不仅吸引我们的注意，还让我们将注意力集中在冲突上。诸如"找出7处不同"这样的游戏可以帮助我们有效地回避这种机制，将注意力引到正确的方向。有时我甚至会坚持让来访者先找出这7处不同，然后再解释做这个练习的原因。

　　原因是：我们在遭遇冲突时，会理所当然地在对方身上找到 7 处、10 处甚至 20 处错误。这种本能反应会让我们的各种情绪变得更为强烈，远离危险源正是采取把错误归咎于他人的自动策略的主要目的。如果像许多人声称的那样，真的是出于解决冲突和消除怨恨这一目的，那么寻找共同点而不是差异点会更容易达到预期目的。因为这样做不仅可以化解怨恨，还可以拉近彼此的距离。把精力放在承担责任上，我们将得到丰厚的回报。

　　你能在和你发生冲突的人身上找到你们的共同之处吗？

引信法

引信的长度决定了从引信点燃到爆炸发生，人员拥有的逃生时间。

我们也有一定长度的容忍引信。一旦被冲突点燃，引信长的人会尽量保持冷静，相信自己可以扑灭怒火，在爆炸发生前处理好冲突。而引信特别短的人甚至都没来得及思考就爆炸了。

发生冲突时，你的引信长度是多少？引信越短，你们的关系就越紧张，不仅对你个人而言如此，对其他人更是如此。因为后者遭遇了多次爆炸，每次都会受伤，最后决定远离危险源——你！

是否存在引信过长的情况？当然！在某些情况下，我们需要迅速采取行动，而不是继续忍受暴力、骚扰或欺凌。有时我们之所以成为攻击目标，正是因为我们的引信过长。因此在这种情况下，必须学会更快速地做出反应。

承担责任要求我们学会分析自己的引信长度，以此判断是否需要学习延长或缩短引信，这是在冲突中最值得吸取的教训。

"百事可乐"法

我在我之前的几本书中已经提到过这个方法，但是在这本书中，我还想再讲一遍。这个方法特别有用，我不想让刚刚读到我的书的读者错过它。

如果你先摇一摇百事可乐再开盖，可乐会喷出来，造成一片狼藉。你得把这个烂摊子收拾好，要不然溅到可乐的地方都会黏糊糊的。

同理，发生冲突时不停战会发生什么？我们的解释（B），在脑海中来回翻滚，然后我们张开嘴（瓶盖），一连串刻薄伤人的话语脱口而出，伤及身边的人。在这种情况下，我们必须道歉，采取补救措施。如果不这样做，那么在这段关系中，污点将永远存在。

你是否看到了自己的影子？首先要学会不胡思乱想，当情绪不好时，管住嘴。"橙汁"或"白水"风格的人，性格更平和，即使头脑中思绪万千，也不会伤害到其他人。

飞镖效应法

为了让大家了解当处于 0 ~ 2 级时，冲动之下做出选择会带来怎样的影响，我请一个来访者向墙壁扔球然后再接住它，他很容易就做到了。然后我要求他使出最大的力气再扔一次，结果球以更快的速度反弹回来，反弹力变得更大，球很难接住。让我们对照一下控制不住愤怒时做出的反应：产生飞镖效应，最终会反过来伤到自己。

代币法

代币代表允许犯错的机会。受灵长类动物性驱使，每做出一个攻击行为，就需要付一个代币。如你的儿子放学回到家，尽管你经常叮嘱他要把书包放好，但他还是把书包放在门厅。你很生气，提高嗓门说"跟你说过多少次了……"哎呀……付出了一个代币？是的！

你每个星期要用掉多少个代币？你会把代币送给你身边的人吗？理论上，获得的代币数量至少应该与你使用的数量一样。此外，就像篮球比赛的冠军比新手丢球少一样，人际关系中的冠军，也称为外交官，应该允许初学者使用更多的代币。
因此，从理论上讲，年长的人应该给年幼的人更多的代币。

允许别人犯错，这样很多冲突都能得到解决，甚至可以避免。想象一下，如果每天给你遇到的每个人，包括你不认识的人，都送上一定数量的代币，你的态度和反应就会发生转变。只需对自己说："哦，他用了一个代币！今天他过得一定很糟糕！"你会变被动为主动，当场化解潜在的冲突。当你外出时，特别是遇到高峰期堵车，如果你能试试这个方法，那真是太幸运了！

红绿灯法

交通规则大家都知道：红灯停，绿灯行，黄灯亮了等一等。

承担责任不仅要思考自己在冲突中扮演的角色，还需知道何时是红灯，要保持沉默；何时是黄灯，要减速；何时是绿灯，可以讨论、道歉、处理冲突。在适当的时候采取行动，而不是总等对方迈出第一步，这是承担责任阶段必不可少的一步，实际上也是最为关键的一步。

人各有所长，也各有所短。对一些人而言，遵守红灯的规则很难；而对另外一些人而言，可能黄灯或绿灯的规则更难遵守。你呢？在这个方面，你的优点和缺点分别是什么？

如果现在你仍然认为引发冲突的责任该由对方来承担，那么我认为我的使命没有圆满完成。若你能意识到你的想法可能受到不正确认知的影响，一些生存本能行为可能扭曲了你对事件的解读，你的核心需求并没有清楚地告知对方，说明你已经掌握了灵活性的准则，你会感觉更好。你可以完全掌控自己的情感，对方也是人，可能也深受生存机制的负面影响，甚至比你受到的影响还要大。有了这样的认知基础，你可能会产生与他人共同承担责任的愿望，这意味着放下骄傲，以谦虚的行为取而代之：承认自己的错误，向对方敞开心扉。下一步将为你提供一些工具，帮助你成功地通过这一步的考验。

第三步

聆听、表达、修复

"聆听、表达、修复"这一步骤让我联想到乔迁新居前要做的工作：用接缝胶泥把墙上的孔洞填补上，等胶泥干透后铺沙，然后再抹一层胶泥，如果孔洞很大的话，此步骤需要重复三到四次。结束之后就可以选择墙面的颜色，开始刷油漆了。接着就可以添置家具，按照自己的喜好布置新家了。

这一步骤可被称为人际关系"填缝"。需要两层、三层甚至四层胶泥才能把墙上的孔洞填平，同理，抹平每个人内心的伤痕也需要足够的耐心。正如填缝胶泥需要时间晾干一样，我们在交流中也需要时间消化吸收已经得到的信息。这个停顿非常重要，因为通过分析双方的话语，我们可以调整对事件的解释，进而改变自己的情绪和反应。每碰一次面都需要再上一层胶泥，这很正常，换一种方式说些抚慰人心、原谅的话语，解释清楚已经发生的事情，避免出现误会。否则的话，一开始造成的伤痕会像墙壁上钉子留下的孔洞一样，一直存在。

不管墙壁之前多脏都可以重新粉刷干净。我们应该参照施工的方法去修复人际关系。就像专业填缝工人在铺沙时需要戴口罩一样，在交流的过程中，我们也需要过滤掉带有攻击性、令人窒息的话语。

这项"工程"将分五章进行讨论。第八章为如何避免倒退到原始阶段，并为在互相尊重的前提下如何开展讨论指明了道路。第九章介绍了需要掌握的11种沟通技巧。每次在讨论棘手的问题之前，重读这一章，相信每个人都会受益匪浅。这些技巧不仅可以帮助你预防冲突的发生，还能让你与他人关系更进一步。第十章和第十一章则是关于使用理性情绪行为疗法作为构建冲突管理的基本框架：分为两个部分——自我管理（第十章）和人际关系管理（第十一章）。最后，与第七章的观点类似，第十二章提供了一系列具体而通用的工具，可以用来更好地管理争端和分歧。

寓言故事《太阳和风》

◇◇◇

太阳和风在争论谁更强大。风说："让我来证明我更强。看到那个穿大衣的老人没有？我敢打赌我能比你更快地使他脱掉大衣。"

于是，太阳躲到云后，风开始吹了起来，并且越吹越大，大到像一场龙卷风。然而，风越大，老人把衣服裹得越紧。最后，风泄气了，表示认输。这时，太阳从云后走出来，笑眯眯地望着老人。很快，老人就把大衣脱了下来。太阳对风说，温和与友善总是比愤怒与暴力更加强大。

当你与亲人发生争执或向他人寻求帮助时，学学太阳的做法吧！

——《人性的弱点》

要趁着阳光普照时修理屋顶。

——约翰·肯尼迪

第八章

调解工具箱

当我们就一个敏感话题展开讨论时，可以预料到，讨论内容必然会引起情绪反应。如何将对话引向正确的方向，一些方法大有裨益，甚至必不可少。本章汇编了一些我最喜欢的工具，能够帮助调解员成功完成任务。虽说这些工具主要提供给调解员使用，不过现在，有谁没有充当过调解员这个角色呢？如果你有两个及以上的孩子，你可能每天都要当好几次调解员。教师、团队或公司的领导、体育教练……他们也经常兼顾调解的任务。和一位正在办理离婚手续的女性朋友去餐厅吃饭，你的行为在无意中影响了她，这时你已经在扮演调解员角色了。因此，以下这些建议可能会引起所有读者的兴趣。

我一直相信，如果我们更多地相互交谈而不是在背后议论彼此，世界上的许多问题都会消失。

——隆纳·雷根

带着预期展开讨论

夫妻关系领域最杰出的心理学家之一约翰·戈特曼已经证实，讨论以什么样的方式开始，必然会以什么样的方式结束。因此，如果一开始就咄咄逼人，充满敌意，那么最好的办法就是停止沟通，等夫妻双方恢复平静后再重新开始交流。

冲突管理初期，有些人会签订"虚假合同"，他们表面上同意解决问题，让大家都满意，实则只想让对方道歉或认错，满脑子想着要报复。

在开始交流之前，花点时间预测一下会面之后的结果，有助于构建切实的期望。如果冲突刚刚发生且规模较小，那么按照正确的步骤，也许可以仅用一次会面就得以解决。然而，如果问题已经持续了多年，则可能需要进行几次会面，同时，大量的再投资对于重建关系至关重要。

请试着回答一下这个问题：你认为自己目前正在经历的冲突会有怎样的结局？你的答案就是为自己的内心导航所做的路线规划。你确定它就是你想要到达的目的地吗？

审视两遍

我在调解冲突时会让冲突双方做这样一个练习：身体保持不动，将头最大限度朝一个方向转，接着头回正，再重复刚才的动作。而往往，第二次转动幅度会更大，尽管第一次我已经要求他们把头转到最大限度了。这个练习表明，虽然我们认为自己在一段关系中已经做了力所能及的一切，但如果再次尝试，其实还可以做得更好。

如果调解员在调解之初就引入这个练习，只需让冲突双方按照指示朝同一方向转两次头就可以了，意在提醒想要半途而废的人注意，他们其实并没有竭尽全力去解决冲突。

银行账户

在一块黑板或一张纸上写上当事人的名字，并在每个人名下面加上一列＋和－。就像银行账户一样，我们在关系中进行交易：存款会产生亲密关系；提款，特别是大额提款，则扩大冲突。为了让双方承担各自的责任，调解员可以根据双方的论述，在存款栏或提款栏内画勾。在交流过程中，看谁增加了 +，谁积累了 −，这个方法能够让双方认识到自己究竟是在改善情况还是在帮倒忙。

5 美分还是 20 美元

这种方法与前一种相似，只是当我们用真金白银去衡量时，其影响往往更加显著。我在来访者面前摊开从 5 美分到 20 美元不等的硬币和纸币，它们分别代表了与对方互动的质量。5 美分代表小气、伤人、冒犯、傲慢的语句；而 20 美元则代表建设性的言论，其价值自然更高且有助于解决冲突。刚开始，你要保证自己既有硬币也有纸币。不过你不需要有很多 10 或 20 美元。你可能根本都用不到！

当来访者的人际关系舒适度退到 0 ~ 3 级阶段，他就再次变成了狮子或蛇，这时，硬币和纸币的方法能帮助他承担责任。我会提出这样的问题："你的评论值多少钱？是 5 美分还是 20 美元？"被评论者通常是最有发言权的。毕竟，交流的目的是把信息传递给对方，所以只有对方才能判断目的是否已经达到。

　　处理冲突时，调解员可以用 20 美元的言论替代 5 美分的回应，从而教会我们如何在不伤害对方的前提下更好地表达自己的意见。调解员甚至可以把自己定义为一个翻译，架起冲突双方交流的桥梁。例如，治疗师扮演了杰拉德的角色，把他对同事的 5 美分评论翻译成 20 美元评论：把"如果她不能接受批评，那是她的问题，跟我无关"翻译成"吉赛尔，我很难控制自己失望的情绪，我不知道如何以一种不会伤害到你的方式表达，我为我的笨拙提前向你道歉"。这样一来，冲突双方就能学会如何在所有互动沟通中更加尊重对方。

　　为了使会面在积极的氛围中结束，调解员可以请双方分享已经收到的温暖的言语，价值 5 美元、10 美元或 20 美元的。如果需要的话，甚至可以把标准降至 1 美元。这个练习的目的是让参与者记住彼此的温暖。我也建议这部分练习可以作为会面后的家庭作业。

　　当某人在一次会面过程中积累了几个 5 美分的硬币，他应当意识到自己对关系恶化负有主要责任。相比之下，对方则提出了更积极的意见，如 2 美元、5 美元或 10 美元的意见。如果把硬币和纸币摆在双方面前，这种自我认识就非常清晰了，整个情况也会明朗起来。

　　独自完成这个练习，也会获得很多好处。在 0 ~ 3 和 3 ~ 5 这两个阶段，我们往往将注意力聚焦在 5 美分的交流上，而它只会加剧我们的情绪。回顾以往与对方交换的 10 美元和 20 美元，甚至是100美元的言语，不仅可以缓和敌对情绪，更容易原谅对方，还可以让我们摆脱动物性，更有人情味，成为更好的自己。这个过程，不一定需要对方在场，也不一定需要对方帮忙一起回忆。做过这个练习的人肯定会受益匪浅。

任何财富都不是建立在5美分之上的。所以，若你此时正处于冲突之中，问问自己与对方的最后交流值多少钱。当你想到对方的时候，你会使用多少面值的钱币回应？你的脑海中在回放哪些场景或话语？ 5美分的还是20美元的？

另一方面，如果你受到伤害的场景持续了两分钟，而你已经翻来覆去地回想了好几天或好几周，那么对方只需要对这两分钟负责。是你自己选择只回放那一幕，而不去重温这段时间以来的所有场景，要为好几天甚至是好几周负责的人是你。两分钟的伤口比持续数周的伤口的伤害当然要小得多。在挨两鞭子和200鞭子之间，你会如何选择？我听到了你的回答！那么，为什么对方只打了你两鞭子，而你却要自己去承受那剩下的198下，然后还把这一切归咎于对方呢？这个循环是否让你们越来越亲近，或者恰恰相反，导致你们越来越疏远？事实上，灵长类动物性已经占据了你的思想，你曾任由自己被它支配，不去做任何改变。但外交官却可以重新获得控制权。向前者让步很简单，但求助于后者能够让人更加自尊自爱，更具人情味，对人际关系也大有裨益。

尚未愈合的伤口

尚未愈合的伤口极度敏感。如果有人试图触碰，你肯定会非常反感。

当情感伤口被人触碰时我们也会出现同样的反应，因此你护住伤口，避免因为一次又一次的触碰而加重伤情或吓跑对方。这个比喻也清楚地表明，受伤越严重，愈合速度就越慢。遗憾的是，没有特效药可供使用。

这种隐喻可为当事人提供一系列形象的词来表达关系的修复程度：他们可以说伤口没那么灼热了，没那么痛了，或者相反，说伤口加深了、扩大了，还在流血，被感染了，或者说他们不确定伤口能不能愈合。这种方法不像前面的例子那样做加减法或利用钱币，而是建立在视觉和动觉●的内容之上，对某些人来说往往更能说明问题。你可以在讨论结束时参考这个比喻提出问题："伤口怎么样了？"这样你就知道交流是否颇具成效。这种方法也能让来访者发现，即使伤口还没有彻底痊愈，但我们已经在努力治疗了。

● 译注：动觉——运动感觉，由位于肌肉、腱和关节内的终末器官所调制的一种感觉，它接受身体运动和张力的刺激。

封面和封底

将一本书放在冲突双方之间，让一个人看到封面，另一个人看到封底。请他们描述自己所看到的东西。当然，他们的描述肯定不同。

这不正是冲突中发生的状况吗？双方都站在自己的立场上看待问题，总在描述自己的版本，试图说服对方（和其他所有人）同意自己的观点才是正确的。这个练习让每个参与者都能明白，自己的解释不一定就是正确的，只是不同于其他人的解释而已。解决冲突并不是要详尽描述自己的观点，而是要洞察对方的看法，这样我们才能了解另一种现实，从而改善我们的观点。

明信片

这个练习是对前一个练习的改编。每个人会收到一张插图或明信片，并要向对方描述，以便对方能在纸上尽可能真实地将其还原。不允许对方看到插图或明信片，但是允许提问和更改。

这时你会发现，尽管你总认为自己已经都理解了，但仍有一些因素你还没能掌握。大多数时候，这个练习的结果会让人忍俊不禁。但结论是，即使在沟通时，我们也很难完全理解对方的所见、所感、所思、所想、所愿，因此，保持宽容的态度非常重要。当我们说"我理解你"，这究竟是什么意思呢？我们理解了三分之一，或三分之二？在这个练习之后让每个人学会对对方抱有切实的期望。

拼图

在调解过程中，为了鼓励探讨，确保会面在积极的氛围中结束，一袋拼图会很有帮助。在冲击疗法中，人们认为通过眼睛接收的信息比通过耳朵接收的信息更加重要。那么，在会面时，将几块拼图放在两个人面前，要求他们猜测整幅画面，这可能吗？当然不可能。这个练习表明，仅凭一点信息不可能看清整个局势。不过，每次讨论都会带来"新的拼图"，即新元素，这样一来，即使你看不到全貌，但你在朝着正确的方向迈进。我们可以在会面结束前给参与者新的拼图，这样他们回到家时就会发现自己离正确的方向又近了一步，因为他们为自己的思考又添加了新的数据。

椅子游戏

将两把椅子背靠背放好，每把椅子上放一张纸，一张纸上面画一个微笑的小人，另一张纸上面画一个悲伤或愤怒的小人。再用另外两把椅子重复上述安排。每两把背靠背的椅子代表一个人积极的一面和消极的一面。当进入沟通阶段，这种练习可能会非常有用。如果两个"微笑的小人"碰面，效果不言自明，但如果两个悲伤或愤怒的小人碰面，或者即使只有一个悲伤或愤怒的小人在场，沟通都会失败。在调解过程中，你可以问问每个人："你坐在哪把椅子上？你的评论或问题针对的是哪把椅子？"这样一来，每个人都能更清楚地认识到自己的责任：自己究竟是在解决问题还是在制造麻烦？

清洗窗户

约翰·戈特曼和他的妻子朱莉·施瓦茨再次证明了离婚的可预测因素之一不是犯错——每个人都会犯错——而是没有尽力去改正错误。

由于许多人很难认错，我提出了这个比喻：清洗窗户！春

151

天的时候，很多人都会清洗窗户。冬天，窗户上沉积了一些污垢，我们必须将其清除，才能充分享受美景和阳光。同样，在一段关系中，令人不快的言论和伤害性的行为也会在我们关系的窗户上留下污垢，以至于我们被蒙住双眼，看不清对方，尤其是他们积极的一面。如果污垢没有被及时清理，它们就会越积越多，直到完全覆盖窗户，导致我们再也看不到对方。

你调解冲突吗？当双方的评论令人不快时，清洗窗户这个比喻可以提供帮助。你可以简单地问问他们，他们的行为让彼此的关系窗户上的污垢增加了还是减少了。

开关还是调光器

在过去很久一段时间里，我们家里灯具的开关只有两个功能：打开或关闭。后来，市场上出现了调光器，它能将灯光从最柔和调至最明亮。

相应地，当一段关系充满恐惧、愤怒或悲伤时，我们一般会使用开关彻底切断与对方的联系。根据美国心理治疗专家和专门从事神经语言编程研究的作家史蒂夫·安德烈亚斯的说法，这种极端的策略只有在生死攸关的时候才有用。在其他所有情况下，开关模式都是有害的，它阻碍了人类辨别自身始终存在的细微差别，并中断了有效的冲突解决方案所需的交流。

有些人把这种或有或无、非开即关的态度视为一种个性，表明一个人不含糊其词，能够快刀斩乱麻。但是，做出明智决定和切断一切联系之间大相径庭。前者保持开放的态度，他愿意讨论，其考虑成熟且毫无敌意。后者则受灵长类动物支配，对他们来说，恐惧、愤怒和缺乏人际交往能力是导致决裂的直接原因。

会诊时，我会向来访者具体介绍开关和调光器这两个概念，并询问他们想用哪种方式与对方沟通。如果他们选择了开关，我知道调解会失败，于是我请他们改变态度。我建议他们与其说"他永远不想合作"这种代表开关的话，不如把它转译成调光器式言论。如果他们做不到，我会代他们说："在这种情况下，他拒绝合作。"对于每一个极端的评论，我一定会要求来访者提供一个温和的版本，促进彼此之间以更加尊重的形式交流。

当你面对冲突时，你会使用什么？是开关还是调光器？

开放程度

1996年，我构思了一个工具，我称它为"开放程度"。我会用到一个不透明的塑料碗和几个盖子，其中一个盖子是完整的，另外三四个盖子上有大小不一的孔。这个比喻一方面代表你对接受新信息的开放程度，另一方面代表你对分享自己碗里东西的开放程度。

在争执过程中，一方可能会使用完整的盖子，即拒绝任何信息，或者拒绝分享他内心所感。这两种选择都会减慢解决问题的进程。通过向双方介绍不同的盖子，我让他们认识到，如果没有开放的态度，任何变化都会受到影响。有时我会给他们密封的碗，让他们往里面放点东西，但不允许他们打开盖子。他们很快意识到这是不可能完成的任务。同样在双方都不开放的情况下帮助他们处理分歧，他们给我的这个任务也是无法完成的。在交流过程中引入不同的盖子这一简单的例子，可以引导每个人培养开放的思想。

启示性试验

取一大壶水，倒进小试管或瓶盖。你会发现，大部分水都会从侧面流走！同样地，当你想帮助某人时，你必须考虑他的开放程度，而不是你有多少东西要分享。如果他没有开放的态度，你就不必白白浪费精力了，这时你要调整你所传递的信息量。这对每一位家长或调解员都是很好的建议！

橡皮筋

橡皮筋极其常见，它可以作为冲突中衡量个人行为或人际关系紧张程度的首选工具。某个想法、某种言论或某个姿态会绷紧橡皮筋，或者相反，使其放松？

让两个人拽着一根橡皮筋，他们会立刻意识到即使最小的动作都会影响到对方，反之亦然。我们必须意识并分享出去这条重要信息。

橡皮筋练习也显示了快速解决冲突的重要性。如果你有过绷紧橡皮筋的经历，你会发现，绷得越久，手指就越酸痛。当人际关系一直处于紧张状态时，这种痛苦也同样真实存在。

停战后，CREERAS计划将有助于缓解紧张局势。承担责任后，橡皮筋应该更放松了一些。到了沟通阶段，只需出示一条绷紧状态下的橡皮筋，就能结束有害的交流。

牙膏管

我有一条最受欢迎的视频就是：我挤出牙膏或者护手霜，然后要求来访者把挤出的牙膏或护手霜塞回管子里。当然，开口越窄，任务就越难，甚至不可能完成。我把这个练习比作我们生气时脱口而出的伤人话语，一旦说出，便覆水难收，它们会"粘"在对方身上。而说出这些话的人，就像管子一样，事后会感到更加空虚（这是前面介绍的"百事可乐"法的改编版）。

这个练习可能在冲突双方开始交流之前特别有用。当情绪过于激动时，关紧"盖子"的指令明白易懂且容易遵循。不然的话，幽默一点，使用下面这句话作为公共准则："现在是拔掉盖子的好时机吗？"

J n t fri ps d pin

你能破译这句话吗？

我的来访者很少能够成功破译。我想告诉他们，如果他们想被对方理解，就要分享所有信息。

在这句话中，我只省略了两个元音，即e和a。但这足以让人完全无法理解整个句子，不是吗？

当两个人之间没有及时沟通时，也会发生同样的情况。一个人必须加倍努力去理解对方想要传达的信息，而且往往会无功而返。

当你掌握所有的信息时，理解起来就会容易得多。所以，在那句话中，所有的字母都很重要，包括e和a这两个元音字母，还包括那些隐藏的含义。我们可以把它理解成：

"Je ne te ferai pas de peine."即："我不会伤害你。"

一张纸的占比

我们都有自己秘密的内心世界，即包含个人想法的世界。我们还有一个外部世界，被周围的人所知晓。假设一张纸代表了我们的全部，你愿意与你周围的人分享多少？如果你只传达了自己的感受或愿望的百分之十，你怎能指望别人猜到其余的百分之九十呢？如果你是调解员，证明这一点将行之有效。一些人的内心经历了强烈的情绪洪流，却拒绝分享哪怕一丁点自己的感想，他们越来越觉得自己被孤立，不被理解，然而这种情况却是他们自己造成的。

你与伴侣、老板、孩子、父母能够分享多少自己的事情呢？你当然不必向每个人吐露你所有的情绪，但就你与对方的关系而言，如果你想看到生活发生变化，你就要表达出你的不满、差异和分歧。

在调解时，我们可以要求冲突双方用一张纸来展示他们分享了多少东西。如果数量很有限，他们就不能指责别人不理解自己。

一杯橙汁

有时，我会在调解时使用这个练习。我首先为儿童提供一杯橙汁或牛奶，为成年人提供一杯咖啡或茶。然后，当他们正要去拿饮料时，我往杯子里扔一些脏东西（烟头、猫毛、死苍蝇等）。这个练习的目的是，要证明就像这些脏东西打消了我们想喝这些饮料的念头一样，尖酸刻薄、充满指责或攻击的言论消除了我们与对方接触，建立关系或修复关系的愿望。如果在沟通初期就引入这个练习，将讨论保持在正轨之上会轻而易举。"你刚才说的话像饮料还是像杯子里的脏东西呢？对方是想喝下去还是想拒绝呢？"

拥抱、握手、拳击手套

这个比喻可以在争吵中作为警笛或停止信号。首先我要对它们的象征意义进行解释。

（1）拥抱代表愉快和温暖的话语。

（2）握手是尊重和诚实的交流，交流没有指责，基于事实。

（3）拳击手套通常用在竞技场上，从出拳到击倒，其目的是不惜一切代价击败对手。

只用拳击手套的人，会意识到他的沟通哲学是"我反对他人"，而不是"我和他人"。通常，他们不能把冲突归咎于别人，特别是当他们注意到自己的言论完全缺少拥抱和握手的时候。

如果你准备了具有这三个象征意义的图片就更好了，你可以偶尔在上面做做标记（把它们贴在家里冰箱上，贴在会议室或心理学家办公室的墙上）。你也可以请冲突双方用"拥抱"或"握手"的方式继续讨论，无论是字面上的还是隐喻的"拥抱"或"握手"都可以。或者直接处理掉拳击手套，把它们扔进垃圾桶，以表明我们不再诉诸武力的决心。

人的一大错误就是吝啬赞美之词，不说出看到的好的一面，就意味着放弃了从好的一面去思考。

——奥斯卡·王尔德

第九章

11 种沟通技巧

良好的沟通可以架起人与人之间的桥梁，但前提是要有坚实的支柱，这是沟通的基础。沟通的技巧不是与生俱来的，小时候也没有人教过我们。但是要想成为人际关系中的外交官，就必须要掌握这些技巧。通过阅读本章，你将学到一些可以帮助你与他人开展有效沟通的实用技巧。这些技巧不仅能让你清楚地表达自己的观点，还能帮你预防新的冲突的发生，与他人建立相互尊重的关系。

至少存在三种类型的关系。不同类型的关系会产生不同的结果。你喜欢哪一种？

报告型：下级对上级，别人让做什么就做什么。双方可能也会相互尊重，但是不会相遇。

反对型：指责、批判对方。双方是侵略者与被侵略者的关系。

相遇型：同级之间，人与人之间。双方都能接受每个人都会犯错的事实。

学会示弱

在沟通中有时需要自我暴露。在丛林中，受伤和弱小的动物往往是捕食者的首选目标。尽管早已走出丛林，有了固定的居所，但体内，远古祖先的记忆依然时刻保护着我们。如今，公开承认自己受伤了，哪怕是心理上的伤害，也不是一件容易的事。然而，若想与他人建立深层次的关系，这是必须迈出的第一步。

生意破产，关系破产

◇◇◇

由于经济不景气，丈夫汽车经销的生意失败了。这样一来，原本富裕的家庭变得一贫如洗，只好卖掉大房子，开始勒紧裤腰带过日子。

妻子对他越来越冷淡了，他觉得妻子对他失望了，不爱他了。这种解释（B）其实是他自己内心的投射（C）：生意失败让他感觉很丢脸，觉得自己不配得到妻子的爱。结果（D），他不再主动抚摸或亲吻妻子，因为他觉得如果自己这样做，妻子一定会拒绝。

一天晚上，他们背对背躺在床上，妻子转过身对他说："伊夫，一切都会好起来！我们一定会东山再起。当初，我们白手起家，一点经验都没有。但是现在不同了，虽然我们又变得一无所有了，但我们还有经验啊！我们比以前更强大了！"

过了很长时间，伊夫都一动不动，但她知道他没有睡着。突然他转过身来问她："你还爱我吗？"

"你说什么呢？你怎么会有这样的想法？我当然爱你了！"

"我以为我已经失去你了。"

泪水顺着她的脸颊滚落下来。她把他拥在怀里，深情地吻他，消除了他心中所有的疑虑。

以这种方式进行沟通，需要将自己暴露出来。当然，克服惧怕被嘲笑的心理，是需要勇气的。但若不敞开心扉，就无法进行真正的沟通。

懂得适时沉默

许多沟通失败仅仅是因为讨论的时机不对。当我们还是孩子的时候，我们就清楚地知道该在什么时候向谁求助。

这次，0～10级等级表又能派上用场了！在我儿子十几岁的时候，我们两个定了一个规矩：在0～10级等级表中，10代表我们最好的状态（快乐、轻松、豁达），0代表我们最差的状态。在开始讨论重要事情之前，我们要告诉对方此时自己的状态处于几级。比如，他放学回家后会说："我现在是3级，想现在就跟你讨论这件事。"我有时会回答："但我是2级，今天晚上我想安静一下！"这样做使我们避免了许多争吵。

很多人为自己的情绪波动找借口，是因为压力太大了、太累了或太紧张了，然后把责任归咎于对方，认为对方"本应该"理解自己。这就好比你的邻居要付房租，但是还差500美元，他就让你拿出自己的积蓄替他付房租。

我们自己情绪管理不善，待人不够友好，有什么理由要求他人替我们填补能量银行的亏空呢？

就像温度计可以测量体温，血氧仪可以测量脉搏一样，我希望有朝一日也会有一个设备来评估我们的压力或疲劳程度。这样不仅能让我们更容易了解自己的心理状态，更重要的是，还可以让我们身边的人清楚我们的状态。想象一下，要是以后的孩子在出生时额头上就有一个0～10的等级表，让周围的人能够了解他们的心理状态，那该有多好啊！

请你对自己庄严承诺：如果你的心理状态低于4，就保持沉默——停战。暂时不要讨论重要的事情，并尽量减少与他人互动，这样可以避免冲突升级。处理冲突不仅需要具备足够的耐心，灵活运用各种策略和技巧，还需要时机——双方情绪都比较稳定的时候。虽然橡子的生命力顽强，但如果在冬季播种，是不会开花结果的；同样，虽然通过讨论有可能使问题得到解决，但是也要选择恰当的时机。

在开始讨论之前，不妨问问对方："现在时机适合吗？"对方觉得你很尊重他，会非常乐意告知现在是否适合讨论。这无疑是一个良好的开端！

倘若你选择在双方情绪过于激动、还没有准备好、天色已晚，或对方失去理智等不恰当的时机开始讨论，情况有可能会失控。懂得适时沉默是一项很重要的技能。

非语言表达技巧

你可能读到或听说过，在人际沟通中，关键不在于说什么，而在于怎么说。确实是这样的！非语言沟通的出现要早于语言沟通，它的影响深深扎根于我们的内心。有人说，你所做的每一件事，都是一种沟通。即使不说话，身体也会随时表达你的心理状态。以咄咄逼人的语气表达赞美，赞美将毫无价值；而面带微笑说出的辱骂之词，侮辱性只会更强。

非语言表达有三种重要的方式，目光接触、姿态语言和语音语调，可以直达我们的决策中枢，让我们对交流进行评判。一边给同事发短信，一边对伴侣说"我爱你"毫无意义，甚至情况有可能变得更糟糕，因为有可能传达出相反的信息，"你没有我的手机重要"。

一个人身体剧烈晃动、神情紧张，即使他说一切都好，他很平静、很自在，也不会有人相信。我们体内的灵长类动物性还能识别出呼吸的节奏和深度。眼白变红，呼吸急促，是身体发出的关于愤怒强度的信号。而如果目光表现得稍微热情些，这个信号将作为亲密的邀请。

语速、语气和语调（高音或低音）也传达了说话者的真实情绪。非语言表达比任何语言都更有说服力。在沟通中，要确保你的非语言表达与你的真实意图相一致。

多用"我"开头，少用"你"开头

我十几岁的儿子最后一次用"你"开头跟我讲话时，我正站在冰箱前，冰箱门开着，儿子站在桌子旁。当我让他描述一下冰箱第一层架子上都有什么时，他用一种异样的眼神看着我，好像我疯了似的。我告诉他，他每天开关冰箱几十次都记不住里面有什么，又怎么能知道他母亲的头脑里在想什么呢？既然不知道，又怎么能用"你"开头讲话呢？这是我教他多用"我"开头的第一课！

用"你"开头的句子常会引起对方的防卫心理，容易让对方感觉你是在指责或评判他。当用"我"开头时，给对方的感觉是，我们对自己的想法和情绪负全部责任。当对方知道你没在批评他时，更容易对我们所说的感同身受。

你	我
你总是迟到	当你迟到时，我有一种不被尊重的感觉
你总是在玩手机，就连吃饭的时候也要玩。如果我让你感到这么无聊，就说出来吧	你在吃饭时看手机，给我的感觉是你跟我在一起时觉得很无聊
又花钱！这次我看你拿什么为一时的心血来潮买单	当你花钱超过我们的承受能力时，我会很担心
你不遵守我们之间的约定	当你不遵守我们的约定时，我感到很失望，我对你的信任感也降低了

　　你喜欢别人怎么和你讲话，是用"你"开头还是用"我"开头呢？

学会积极地倾听并给予回应

右面的视觉错觉图让我们意识到，我们有时会轻易下结论而且还认为证据不言自明。但看第二眼时，发现还有另外一种解释也是站得住脚的。你第一眼看到的是谁？一位女士还是一个吹萨克斯的人？

为了避免过于草率地得出结论，请与对方确认你对他所表达信息的理解是否正确。所有快餐店的员工都应该遵循这个规则：下单前会重复顾客的订单。"您想要一个汉堡，一小份薯条和一杯气泡水，对吗？"请牢记一点：当谈论敏感话题时，我们的认知很容易产生偏差。因此在继续讨论之前，一定要确保我们真正理解了对方的意思。第十二章中的"调查者和被调查者游戏"将为你提供一些可以帮助你掌握这一重要技能的工具。

学会巧用"谢谢"代替"对不起"

许多人都有一个令人不快的习惯，就是习惯道歉而不是感谢。而这两种表达方式产生的效果截然不同。请你自己判断一下吧！

道歉	感谢
对不起，我迟到了	谢谢你耐心等我
不好意思，打扰了	谢谢你听我说这些
抱歉，我刚才有点急躁	谢谢你的理解

在道歉时，你将自己置于犯错者的位置。而在表达感谢时，你让对方成为"主角"。

每个人都渴望得到别人的欣赏。因此，如果你很欣赏一个人，那就大声地说出来吧！

——玫琳凯·艾施

多说甜蜜的话语，禁用有毒的话语

一些话语产生的效果就如同在餐厅用餐时发现盘子里有虫子一样，让人忍不住后退，感到恶心、倒胃口；而有一些话语，就像蛋糕面糊里的鸡蛋，将所有的材料完美地融合在一起，制作成一道美味的甜点。甜言蜜语和礼貌用语就有这样的魔力，如同乏味生活的润滑剂。

我的祖父曾经说过"积少成多"。多说甜言蜜语和表示感谢、赞美、祝贺和恭维的话语可以让我们与他人建立起一种愉快、相互尊重的关系。使用亲切的昵称（宝贝、亲爱的等）可以让对方觉得自己是独一无二的。

有毒的话语指的是那些带有攻击性、厌恶性或旨在伤害对方的话语。这些话语通常是在我们受到伤害或愤怒时说出口的。最好将这些话语从我们的词汇表中抹去，特别是和对我们很重要的人讲话时，一定要避免使用。

我的一个来访者无法忍受丈夫说粗话；而丈夫则讨厌妻子给他下命令。但是，如果她在提要求时，以"你是否愿意……"这样的方式开口，他通常会不带一丝敌意地回应她。因此，两人达成协议，从他们的交流中剔除有毒的词语。丈夫每说一句粗话或妻子每下一个命令，都要付给对方1美元，这些钱都被放进新的"计划储蓄罐"。到月底，根据积累的金额确定具体计划。你是否也想剔除你在人际关系中有毒的话语呢？

> 保持一段快乐、健康和滋养型的关系的最好方法可以用一个词来概括——肯定。
>
> ——玛萨·席莫芙

学会请求

提出请求是一门艺术！幸运的是，与演奏乐器不同，你不需要天赋也能成为这一领域的大师。只需通过学习，然后将所学付诸实践就可以了。

我们每天都在提出和接受请求。由于太过频繁，我们往往容易忽视它的重要性。不幸的是，它往往是引发冲突的根源。提出请求时要注意三个方面：请求应当具体；提出你希望其他人去做的事情，而非你不希望他们去做的事情；明确请求的重要性。

请求应当具体

老板在快下班的时候把一份文件交给助理，并要求她优先处理这份文件。助理原本晚上有个约会，但为了第二天能交出处理好的文件，她取消了约会，留在公司继续工作。谁知，老板外出了几天，周五才来公司。他看到文件在桌上，感到很满意。但当他发现助理在没有特殊情况需要处理的一周内加了四个小时的班时，觉得很失望，给她打电话要求她做出解释。

老板没要求助理加班，也没要求第二天就把文件交给他。而助理为了满足上司的优先要求，甚至还取消了一个约会。究竟是谁的错？是含糊不清的错！老板表现得很着急，再加上"优先"这个词使助理误认为老板第二天就想拿到文件。无论是哪一方，只要进行简单的说明，就可以避免这场误会了。正如贝尔纳·韦伯所说：

在我所想的，

我想说的，

我以为自己说出口的，

我实际说出口的；

你期望听到的，

你以为自己听到的，

你实际听到的；

你期望理解的，

你认为自己理解的，

你实际理解的；

这之间至少有十种可能，让我们交流困难。

再来看一个例子。妻子对丈夫说希望他能有更多的"表示"。于是他在工作休息时挤出时间给她打电话，晚饭后陪她散步，尽管他一点也不想散步，他工作时已经走了一整天，还帮妻子准备饭菜。但是，他做的这些对妻子而言却一点都不重要，她的姐夫经常给姐姐送花，她也想让丈夫给她送花。这是个真实的故事！丈夫真的付出了很大的努力，但是这些努力都没有被妻子看在眼里。由于妻子提出的请求含糊不清，最终使得夫妻二人都很失望。

请求应当具体而明确，这样可以避免很多人际关系方面的问题。

> 我们来做个寻宝的游戏，奖金为 1 亿美元。
> 线索如下：宝藏在北美洲。
> GO！寻宝！

根据这条线索找到宝藏的概率有多大？非常低！但如果我告诉你宝藏在加拿大魁北克省蒙特利尔市圣凯瑟琳街417号的二楼主浴室第二个抽屉底下，这样就容易多了，对不对？

你觉得别人不理解你，可能是因为你的请求不够明确。由于你如此吝啬，不肯给出线索，他们甚至可能已经放弃了寻找你内心的宝藏！想让他们发现你的宝藏吗？如果想，就给他们提供更多关于寻找你内心宝藏的线索吧！

提出你希望其他人去做的事情，而非你不希望他们去做的事情

当人们（无论是男人还是女人）不开心或不满意时，往往不明确说出他们想要什么，而是批评或抱怨，说出他们不再要什么。

我们以为，只要说出我们不想要什么，对方自然就会理解我们想要什么。这是不对的！特别是当我们和孩子交流时，如果把"我不希望你再用这样的语气和我说话了"换成"我希望你用平静的语气跟我说话"不是更清楚吗？与其对你十几岁的儿子说"你就不能把你的手机放下两分钟吗"，不如说"我希望你在吃饭时能把手机放下"。这样他们不是更愿意配合吗？夫妻中某一方的经典抱怨是"你总也不在家，一天到晚就想着工作！"然而，这样说并不能真正达到让对方多陪陪他/她的目的。

当我们说出不想让对方做什么时，往往带有责备的意味，会让对方产生抵触心理。抵触意味着不信任，我们的请求也就得不到应有的重视。而当我们指出对方不够重视我们的请求时，他觉得受到了挑衅，被触及痛处，会不自觉地做出后退的动作。如果希望得到对方的配合，就应该明确说出你想要什么，而不是浪费时间去罗列你不想要的一切。

明确请求的重要性

当对方向你提出请求时，使用0～10级等级表可以帮助你理解这个请求的重要性。当你知道一个请求的重要性是2，另

一个是 9 时，就清楚在哪个请求上投入更多的精力，会获得更大的回报了。

一家有 15 名员工的小规模企业正在调整办公空间的布局。资格最老的员工想要在角落的办公室，但是老板不同意，因为他也想要那间办公室，尽管他每周只在办公室待几个小时。每次谈到这个话题时，老员工都会重申她的要求，老板觉得她变得越来越情绪化。0 ~ 10 级，他问这间办公室的重要性对她而言是几级。"10"，她双眼含泪地答道。虽然他无法理解办公室的位置对一个人来说怎么会这么重要，但他衡量了一下，对他来说，这间办公室的重要性只是 3 级，而对老员工而言，是 10 级。把办公室让给老员工，会让她感到非常高兴，觉得自己受到了公司的重视。采用这种思考方式让他更容易做出决定。

当然，这个等级表并不能解决所有的问题。但是不要忘了，有时它可以改变很多事情。

学会使用幽默

你可能已经注意到，愤怒和微笑是不能并存的。如果你成功地逗笑一个人，他们的有毒情绪（怨恨、不耐烦、易怒等）

就会像被扔进火里的冰块一样迅速消失。以下是让与你有冲突的人嘴角上扬或得到他配合的四个建议。

独白

在我的《改善和青少年关系的 100 个技巧》一书中，提到过一种独白技巧，这个技巧可以让我们更容易得到孩子的配合。其实这个技巧对成年人也适用。技巧很简单：提出我们的请求，并说出我们期望得到的回应。简单地说，就是一人分饰两角。让我们来看一个例子。

给妈妈帮忙还是看电视

◇◇◇

一个妈妈从杂货店回来，有几个袋子要拿进家里。她看到十几岁的儿子正在客厅看电视，于是她决定使用独白法让儿子来帮忙。

妈妈："乔德，你来帮我把东西拿进去，好吗？这几袋东西实在太沉了。"

妈妈（模仿儿子说话模样）："当然，妈妈，这点小事包在我身上。"

妈妈："你真是太可爱了！"

妈妈（模仿儿子说话模样）："这没什么，我们是一家人，当然要互相帮助了。"

妈妈："谢谢，乔德。妈妈真的要谢谢你。"

一分钟后，看到儿子过来，帮她拎着沉甸甸的袋子，她的脸上露出了灿烂的笑容。

虽然独白不会一直奏效，但你可以学到一种新的交流方式，并听到你想听到的话……虽然这些话是由你自己说出来的！

用唱的方式提出请求

用悦耳的语调提出你的请求，你觉得这个主意怎么样？为什么要这样做？因为有些时候，我们的语气里会透出烦躁或不悦。而因为语气不善，对方选择离我们而去！选一首流行的歌曲，然后改一改歌词。例如，用生日歌的旋律，将歌词"我亲爱的朋友，轮到你来谈谈爱情了……"改为"我亲爱的乔丹，轮到你来把碗从洗碗机里拿出来了"。有了幽默感，一切都会变得更好！

答非所问

答非所问法指的是用完全脱离背景的回答来回应负面或贬低性的评论。这个方法适合以下情况。

■ 打断一场开局不利的讨论

■ 避免引发冲突

■ 在人际交往中增加幽默感

■ 对他人不愉快的评论先发制人，而不是消极、被动做

出反应

■ 觉得可以掌控自己

这是一个非常实用的工具，每个人都会需要它！

小组使用说明（也可在两人间进行）：

（1）每个人列出一份清单，写下周围人对他具有贬低性、让他感到伤人的评论。

（2）在两个人或更多人的团队中，交换清单。

（3）一个人读出清单中的评论，另一个人（或另外一些人）必须用答非所问法来回应。

（4）使用答非所问法的人应该表现得很自然，就好像他讲的话很严密、符合逻辑一样。在现实生活中，说完之后，就应该迅速离开现场。

例（一）

少年对妈妈说："反正你什么都不懂！"

答非所问法："客厅里的米色灯是从莱昂买的。"

例（二）

丈夫气冲冲地对妻子说："不是只有你一个人觉得累了！

其他人的工作也很辛苦。"

答非所问法："1961年，人类首次进入太空。难以置信！第一个宇航员是个苏联人！"

例（三）

职员嫉妒他的同事，用指责的语气说："得到所有好处的总是同一批人！"

答非所问法："星期二，布罗萨德市计划修补132号公路上的坑洼之处。"

例（四）

一个孩子在操场上骂另一个男孩："你就是个懦夫！你不敢和我们一起玩，快承认吧！"

答非所问法："7月，特伦布莱先生获得了最佳苹果派奖。"

嘴里有头发

另一个打断不太愉快交谈的方法是，在对方大喊大叫时，你假装正试图拽出嘴里的一根头发。这个动作要一直保持下去，直到对方问："有什么问题吗？"这时你可以告诉他，你想把要从你嘴里出来的坏话抓住，以免让他听到！

要想发挥更好的效果，说完之后要立即离开现场。

学会用提问代替命令

命令，从本质上讲是建立一种主从关系。这常常会导致人际关系"紊乱"。

为了避免产生等级观念，建立互相尊重的关系，可以用提问的方式代替命令。例如，将"准备好下午5点出发，我不想迟到"换成"我们下午5点出发可以吗？这样万一路上有情况耽搁了，时间也会比较充裕"。

诸如"如果我们这样做……"或"你能接受我们……吗""如果……你会说什么""这可能是……的选择"等表达方式说明你非常重视对方的意见，而使用命令的语气则不是这样的。

学会给予反馈

正面反馈可以拉近彼此间的距离，提高团队的积极性，而负面反馈则产生完全相反的效果。但二者目的是相同的：传送信息，让人们能够保持或改善行为。请记住，愧疚感只会给人增加负担，不会让人产生愉悦感。下面，我们来看看这两种类型反馈产生的效果。

正面反馈

你认为给予正面反馈是一件很简单的事？一点也不简单。首先要记住的是，我们在交流时不常把正面反馈挂在嘴边。因为我们认为既然一切都很顺利，那就没有必要表达积极的情感。这就像不给植物浇水，还想让它开花一样！这是不可能的。

约翰·戈特曼指出，要想维护一段好的关系，一次负面反馈需要五次正面反馈来弥补。表示赞美、祝贺和感谢的话语就好比水和肥料，特别是对找到一份新工作的人而言，正面反馈会增加他的信心，相信自己的选择是正确的。你可能听说过为人父母的人要遵守一个原则：只谈行为不谈人，也就是对事不对人。这也适用于正面反馈，谈论你欣赏的行为并说明原因，这将比空洞地称赞对方要有效得多。抓住对方行为细节进行个性化的反馈，表示你真的很关注他。避免使用会激起完美主义者反应及其他可能产生相反效果的词语。例如，不要说"你总是那么守时"，而要说"我很欣赏你的守时。我注意到，自从你到这里工作以来，你总会按时甚至提前到办公室。这是我非常欣赏的员工品质"。

一个父亲对他的大儿子说"你对弟弟总是那么慷慨"，可能会让大儿子认为父亲是因为他的这个优点才爱他的。大儿子可能会产生这样的担忧：万一哪一天他做得稍微有一点不好，父母可能就不爱他了。其实，父母可以换个方式说："今天你把玩具借给你弟弟，真是太慷慨了。"就像一本发票簿同时可以开出三联发票一样（一份给客户，一份给供应商，一份给送货员），给予某人正面反馈不仅会让他发生积极的变化，产生自豪感，收获好心情，他身边的人也会从中受益，而且对你来说也有好处，你会为给别人的生活带来阳光而感到高兴。

使一个人发挥最大潜能的方法，莫过于赞赏和鼓励。

——查尔斯·舒瓦布

负面反馈

尽管负面反馈有时是必要的，却不太容易说出口，也很难被听到。而即使是心平气和地说出来，听到的人往往也会将其无限放大，其实这是灵长类动物性倾向于夸大潜在威胁，还记得吗？这就是为什么必须要了解游戏规则才能使反馈产生预期的效果。

■ **先观察。**确保反馈是基于事实的，而非假设或谣言。

■ **在必要时，提供反馈。**出于害怕引起对方的反感，或者缺乏勇气、能力不足等原因，人们往往选择长久地忍受对方令人不快的行为。但是，这样做会导致问题升级、矛盾变得更加尖锐，你也会变得越来越烦躁。你是否曾在环岛或高速公路上走错出口？往往你越想调整路线，就越有可能迷路或需要更多时间才能到达目的地。这同样适用于一个需要调整自己行为的人，你给他们提供正确的路线，就是在帮他们的忙了。

■ 以正面反馈开始。先对对方的积极面表示认同，让对方觉得你是欣赏他的。

■ 直接明了。避免含糊其词，简洁明了地说出你希望看到的行为。例如，你说："我知道你尽力了，你也想快点。我并不想伤害你的感情，让你觉得我不欣赏……"对方听到这些话，会感觉你局促不安，缺乏领导力，还会产生防御心理，因为他清楚地觉察到你将要传递一个负面的信息。其实，直接说出来反而效果更好："我注意到，最近的两次团队会议，你每次都迟到10分钟。如果能尽量不迟到，我们可以按时开会，我将不胜感激。"

■ 只谈行为不谈人。人不能真正被改变，只能被修正行为。因此，要想看到变化，就针对他的行为给出反馈，而不是针对这个人本身。例如，不要对刚刚打了妹妹的孩子说"你不好"，而是指出他的行为"你对妹妹做的事情不好"。

为了不引起对方的反感，我建议使用另一种可视化工具：将一张纸分为两个部分，一部分代表你希望对方改进的行为，另一部分代表你欣赏的行为。收到积极和有建设性的反馈的人知道你欣赏他们大部分的行为，意识到自己是安全的，就不会被灵长类动物性操纵，从而避免产生一系列应激反应。

紧握拳头就无法与他人握手。

——英迪拉·甘地

第十章

学会自我管理

在处理争端和分歧阶段，理性情绪行为疗法作为一种自我管理工具发挥着重要作用，我们可以用它来衡量自己的行为。众所周知，即便情况没有那么糟糕，我们在试图解决冲突时也可能孤立无援，因为对方无心或无法参与进来。针对这种情况，本章将为你介绍几种方法，帮助你独自完成任务。

通常，如果出现关系紧张的情况，我们一般会先回应对方的行为。同事不跟我们打招呼——好吧，那我们也不理他。星期天，先生又不愿跟家人共度美好周末，要和朋友去打高尔夫？他当然可以这样做，但相应地，他将遭到家人的冷漠对待。作为回应，我们一般会模仿对方的行为（D）或诉诸自己的本能反应。

还有另一种古老策略：关注事件，即关注A。我们不停地回想冲突场面，这样不仅加强了冲突的负面影响，还容易形成光环效应。最后，冲突场面变得面目全非。古老的策略也因此达到了目的，让我们与"敌人"保持了距离。

但是，我们很少注意对方的想法（B）和情绪（C），尽管这两点才是最关键的。如果你想心安理得，那么你在回想起对方的反应时，就应该花点时间考虑对方的想法和情绪。这样一来，即使对方没有做出任何改变，继续忽视你或仇视你，你内心的纠结也会烟消云散。

你也可以将这种方法用在亲朋好友身上。女儿说她恨你，你并没有立即回复她的话，而是认识到她很沮丧、愤怒（C），她认为你不让她出去是因为你想控制她（B）。所以你要考虑对方的想法（B）和情绪（C），而不是直接回应行为（D）："我知道你很生气，认为我想控制你。我之所以不想让你去参加那个聚会，是因为我知道吉姆和他的朋友在酗酒。作为你的监护人，我只能让你失望了。"

你的姐妹拒绝帮你照看孩子，你并没有因此感到沮丧，而是告诉自己，她最近感觉不舒服，可能需要时间来恢复。如此一来，你就变被动为主动。你不再只关注事件本身（A）或对方的行动（D），也不再引起冲突，而是尝试去理解对方，去体恤对方的想法（B）和情绪（C），这样做才能拉近彼此的距离。

如果你尝试着对周围的每个人，甚至陌生人都这样做，就可以避免很多冲突。接下来我们举一些例子，用以说明这种方法如何改变情况。

关系螺丝刀

◇◇◇

我会给来访者一块木头、一把十字螺丝刀和一颗方头螺丝。然后请他将螺丝拧进木头里。尽管他相当努力，但这也是不可能完成的任务。面对失败，许多人会说螺丝头太奇怪了，但这时如果递给他们一把方头螺丝刀，他们就会明白，也许是他们自己没用对工具。这与我们在人际交往中所面对的情况如出一辙，当两个人无法沟通时，可能不是对方"脑袋"有问题，而是因为我们自己没有用对"关系螺丝刀"。

学生和导师

露西是一名二年级博士生。她的导师勒弗朗索瓦博士在该系以严谨著称，但也缺乏人情味且相当自负！

这一天，露西来到导师的办公室，参加一月两次的会面，向导师展示她的研究进展（A，事件）。自从她开始跟着这位导师做博士研究以来，会面一直非常简单：她把文件交给他，他阅读并提出意见，用不了15分钟，她就能离开办公室。但这一次，才过了2分钟，导师就用红笔在文件上写写画画，都没有看完，就气势汹汹地撕掉了文件，嘴里还念叨着："这很糟糕，非常糟糕。"导师给了露西新的指示，前后不到4分钟，他就把露西赶了出来，并烦躁愤怒地朝她喊叫"去工作"（D，反应）。

露西离开办公室，不断回想刚才的场景：他说了什么，他如何对待她，他失望的神情，他气急败坏的叹息……她回想着这一切，耳边似乎仍传来他撕毁文件的声音。一小时后，她回到家，一筹莫展，绝望悲伤，她认为自己是个十足的傻瓜，断言自己将永远无法完成博士论文。

但如果她考虑一下导师的B和C，而不是关注他的D，情况也许会大不相同。当局者迷，旁观者清。她可以作为旁观者重新审视一下对方的情绪，这也能让她重新调整自己的情绪，缓和她和导师的关系。

勒弗朗索瓦博士会有怎样的情绪？他肯定是既失望又烦躁（C）。他的想法（B）可能是什么？露西做了以下假设："我不能再忍受和新手一起工作了""这个学生和其他人一样无能""给学生改作业就是浪费时间，有这个时间我不如做自己的研究"。虽然露西不确定她的假设是否成立，但她极度怀疑导师就是这么想的。

第一个假设：如果导师认为她不称职，在浪费他的时间，那么他就有理由感到烦躁、失望并想要尽早结束会面。虽然她不一定赞同他的解释或行为，但可以理解他的想法和情绪。

第二个假设：她当然还是个新手，因为她从来没有做过这么大的研究项目，所以她还在学习。勒弗朗索瓦博士也应该知道，自己的工作是帮助学生了解这个领域，通晓专业知识。他的教学法当然不是模范！但以他多年的教学经验看，他也不该做出那么幼稚的行为！

冲突中，一个人是否关注到了对方C和D之间的联系，这也能说明这个人的成熟程度。比如露西就觉得导师有点不成熟。就像我们在"停战"中看到的那样，一个人处理和表达情绪的方式表明他到底属于灵长类动物、木头人还是外交官。灵长类动物和木头人的表达并不是善意的，他们不负责任，其话语通常也满是责备，比较伤人，令人不快。外交官的表达则能够帮助我们成长，拉近彼此之间的距离。毫无疑问，勒弗朗索瓦博士的行为绝对不是外交官的杰作！就像在莫斯科俄国人会用俄语与我们对话一样，毋庸置疑灵长类动物和木头人也会像野蛮人一样交流，这完全可以预料并合情合理。

采用了理性情绪行为疗法，以全新的视角看待问题，对情况进行剖析，观点也会变得更加客观。同时，该表扬的时候不要吝啬你的表扬，但如果对方的精神状态不好，也不能自责，因为不一定就是我们的错。

物以类聚

◇◇◇

尽管每个人的防御机制各不相同，但与我们亲近的人通常其成熟度与我们类似。至于关系疏远的人，比如同事、邻居甚至是兄弟姐妹，情况就大不相同了。在工作中，一个8级可能要和一个2级合作做项目。他们在一起能达到的最好状态是5级，前提是8级是真正的8级。请记住，下降比上升更容易。当受到2级的攻击时，你必须立场坚定，不能被拉低水准，要一直保持高标准，通常比较明智的建议就是，谨慎交友。

司机和"路怒症"

即使与陌生人发生冲突，只要按照理性情绪行为疗法的四个步骤（即A、B、C和D）行事，你就不会再有满满的敌意。

你开车行驶在下班回家的路上。突然，你变了条道，却没发现后车已经离你很近了。司机朝你按着喇叭，然后竖起中指，在离你很近的地方超车，他开到你的车的前面，反复踩刹车……仅仅是因为愤怒，没有其他理由。

你知道这种情况导致的交通事故数量有多么惊人吗？如果两个司机都回应对方的行为（D），矛盾会迅速升级，最后可能酿成灾祸。这时，如果我们注意到对方的想法（B）和情绪

（C），我们就能重新掌控局面。

这个挑衅的司机情绪（C）如何？他很愤怒。想法呢？"她是故意的""她自认为比我聪明，跟我抢道""她不尊重我，我要让她付出代价"。但事实（2+2=4）却是，你根本没有看到两辆车之间的距离有多近，你只是想驶离已经堵了几分钟的车道而已。然而，陌生人并不了解你的动机，所以你能怪他生气吗？如果他真有那些想法，当然会生气——换成你，你也会生气。这位司机的态度显然不是外交官的态度。你要明白他可能会更冲动，所以你不能再火上浇油，要重新评估情况。你还要保持耐心，明白自己不是要和这个人交朋友，而是要缓和目前的形势。相比起恐惧、愤怒，一心想要报复，你应该感到悲伤、失望，你知道对于这样一个易冲动又好斗的人来说，生活肯定不容易。

当依赖参与进来

和非常亲近的人之间发生冲突，代价最大，这些人包括我们的伴侣、孩子、父母和兄弟姐妹。

伊莲娜和朱利安是家族企业的第三代合伙人。作为公司总裁，伊莲娜负责管理公司的发展、主要供应商、招聘和薪资条件等方面的事务。哥哥朱利安则负责公司财务：薪资、重大项目的融资、账单结算、预缴税金、报税、投资等。多年来，朱利安一直赌博。

于是，不该发生的事还是发生了……朱利安开始挪用公款支付自己的开销，并坚信自己以后能还上。不幸的是，非法挪用的公款越积越多，终于导致公司账户亏空。一天，伊莲娜接到一通电话，公司最重要的供应商威胁说要停止供货，因为他们已经有四个月没有拿到货款了！她与哥哥对质，才得知悲惨的真相。

她会如何反应呢？反应一：她气疯了。他怎么能做出这种事呢？反应二：收回他在公司财务方面的所有权力，分析损失范围，与波及人员进行沟通，解释情况并制定弥补方案，同时希望供应商能有耐心并予以理解，支持她完成任务。

白天，她没有时间去想哥哥的所作所为，一旦下班回到家，她就非常愤怒。因为一闲下来她就会想起哥哥犯下的错误，错误导致的严重后果，还有他对她所隐瞒的一切，这些都让她怒不可遏。

伊莲娜很难不一直想着哥哥的行为（D），他还骗她说公司经营得很好，多么虚伪啊！但当她关注到朱利安的B和C时，她感到非常痛苦、内疚和羞耻。她知道，任何依赖都会孕育出地狱，就像一个不断成长的怪物变得越来越强大，而依赖者的唯一想法就是确保自己能够得到"食物"。伊莲娜分析了形势，打消了一开始想要起诉朱利安的念头，她不想毁掉他的名誉，也不想与他永远断绝关系。她从最初的愤怒与失望转为悲伤和理解，这些情绪对她来说要平静得多，而且会让她做出外交官式的回应。她现在希望朱利安能得到必要的帮助，以摆脱自己内心贪婪欲望的束缚。当他回归时，还会担任家族企业的职位，但会移交出财政大权。

西尔万和老板

西尔万在药店工作，主要负责准备处方和收银。一天，老板批评他收银时花太多时间跟顾客交谈，说他应该去柜台后面帮忙。他觉得受到了伤害和冒犯（C），认为自己一会儿被要求好好招待顾客，一会儿又被要求对顾客置之不理。"无论我做什么，都不会得到赞赏（B）。"结果（D），西尔万在结账时匆匆忙忙敷衍了事，几乎不和顾客交谈，如果顾客付款太慢他还会叹气；他备药时还经常让顾客在收银台前等很久。

自从西尔万被老板批评之后，他就一直很紧张，生闷气。他的转变对每个人来说都是负担。他反复思考着老板的话，对老板也越来越冷淡。他大部分的精力都用来回想老板是怎么批评他的，所以在准备处方时总会犯错。久而久之，他与同事和顾客慢慢疏远，做事也总是慌慌张张。几周后，他异常烦躁，也因此暂停了工作。诊断结果是职业倦怠。这又是一个冲突管理不善的案例。

让我们想一想这件事，即面对 A（老板的批评），西尔万的反应似乎很夸张。但是，从那时起，西尔万已经把那一幕在脑海中重播了无数次，无时无刻不在想，对团队工作和服务顾客提不起兴趣，还把负面情绪和想法带回家。这时我们才明白，这不仅仅是一个事件这么简单，他只关注了老板的行为，并在脑海中数百次再现了那个场景。

如果他从一开始就考虑到老板的 B 和 C，而不是 A，情况会不会有所不同？我相信会的。现在做还来得及吗？来得及！永远不会晚。即使挑起冲突的人已经去世，这种策略的安抚作用也会如期而至。

西尔万使用理性情绪行为疗法方法后，状况明显得到了改善。他意识到老板在批评员工时其实压力特别大，新冠肺炎发生以来他承担了过重的责任。药店急需大量收入弥补隔离政策造成的损失。在这段时期，所有企业都异常艰难，老板也一直特别紧张。西尔万意识到，老板责任重大，他肯定要为家人和员工担心。简而言之，在考虑了老板的 B 和 C 之后，西尔万便能够理解老板为什么暴躁、焦虑了。他重回工作岗位，能再次见到同事和顾客也很开心。他们私下交谈了一次，西尔万明白了，老板所处的情况同样难以忍受，老板要做出许多必要的调整，对顾客和雇员的健康也要负责。西尔万决定，今后会尽最大的努力协助老板应对挑战。他也为自己先前的表现向老板道了歉。

老板非常感动雇员的转变，也为自己的烦躁表达了歉意，并感谢西尔万的理解。于是，他们巩固了彼此间的关系，也做到了相互尊重。

自我管理的ABCD是强大的解药，可以帮助我们改变内心状态，平息我们的情绪风暴，让我们学会与他人融洽相处。我们不必等待对方改变或需要他人参与进来，就可以独自采用这个工具，这不是很好吗？想一想你经历过的冲突，你所犯的错误就是把注意力放在D或A上。但是对方的B和C是怎样的？无论冲突发生了多久，这个问题的答案都将给你的想法和情绪带来慰藉。

例外情况

即使我们采用了这种方法，变得更加善解人意，也不意味着我们应该接受任何对我们有害的行为，选择原谅一切。暴力、威胁、操纵、欺凌、骚扰都会破坏健康的关系。让我们用臭鼬做个类比：它们虽长相可爱，但谁想让它们出现在自家院子里呢？所以，不管在个人生活中还是在职场上，你想和谁相处都由你自己决定。正如埃莉诺·罗斯福所说："如果有人背叛你一次，那是他的错。如果有人背叛你两次，那就是你的错了！"

恐惧的众多表现之一

◇◇◇

胡盖特和玛丽安这对年近80岁的姐妹，决定共同生活。刚刚丧偶的胡盖特害怕独自生活，而玛丽安则濒临破产，她陷入骗局，向所有人借钱寄往科特迪瓦，并相信自己很快就会从一个神秘而富有的捐赠者那里得到数百万美元的遗产。她从未真正工作过，一生中大部分时间靠领取社会补助度日。她40岁就离婚了，独自一人过活。尽管如此，她还是设法从那些相信她的百万富翁梦或屈服于其威胁的人那里骗取了10多万美元。孩子们为她支付了一段时间的账单（电费、房租、电话费），直到一场激烈冲突爆发，随后他们便不再支付她的生活费。就在这时，她的寡妇姐姐胡盖特收留了她。

玛丽安开始敲诈姐姐，骗钱寄往科特迪瓦，每次都哀求说这是最后一次，并声称很快就会收到承诺的数百万美元。胡盖特为妹妹支付药品、出行、衣服、食物等费用，但只要一反抗妹妹，妹妹就会威胁说自己要去别的地方生活，而且即使她得到遗产，也永远不会偿还欠姐姐的75000美元。

玛丽安的孩子们已经向社会服务部门和警方寻求帮助，他们想阻止母亲。很显然，大家都无能为力！他们只能向姨妈解释这个骗局，并建议她不要再给他们的母亲钱，因为那就是肉包子打狗有去无回。尽管如此，害怕孤独的胡盖特每次都让步，继续满足玛丽安的要求。

对于这个案例，CREERAS 计划能有效解决冲突吗？显然不能，但至少它证明了，如果每个人都无法完成停战和承担责任这两个步骤，那么问题将持续存在。当一个三岁的孩子咬他的姐姐时，父母必须干预，强迫他停下。当一个罪犯带着武器闯进学校时，警察必须使用武力来阻止凶手。在某些情况下，如果人们拒绝停战，就必须使用极端手段来迫使他们停战。最终，正义会伸出援手。玛丽安的例子就是这样的情况。

一天，胡盖特拒绝给玛丽安钱，妹妹开始殴打并侮辱姐姐。胡盖特在丈夫去世后为自己准备了一个紧急按钮，她按下这个按钮，成功求救。当警察赶到时，胡盖特受了点伤，妹妹则精神错乱。在家庭和社会工作者的同意下，玛丽安被安置在养老中心，受到密切的监控。至于胡盖特，志愿者们每周会去看望她三次，家人也同意定期去探望她。

遗憾的是，有时为了制止冲突我们不得不采取强硬措施。如果没有停战和承担责任这两个步骤，成本将持续上升。玛丽安就是一个很好的例子。

解决冲突需要牢记的几点要素：

- 尽早解决。
- 选择合适的时机。
- 选择合适的场所。

■ 永远不要提高音量，必须保持冷静。

■ 在自己被理解之前，先努力去理解别人。

■ 善于调查。

■ 跟自己对话。

■ 展示出个人情绪和逻辑，即C和B。

■ 承担自己的责任。

■ 在对方有理的时候主动承认。

■ 由此产生的结果：高回报投资。

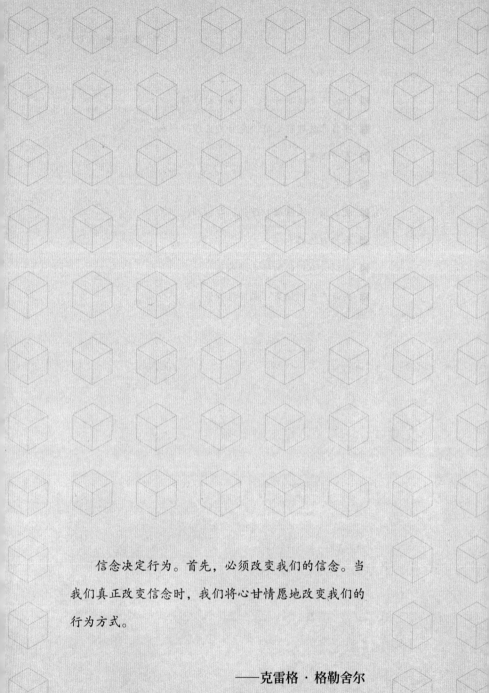

信念决定行为。首先，必须改变我们的信念。当我们真正改变信念时，我们将心甘情愿地改变我们的行为方式。

——克雷格·格勒舍尔

第十一章

人际关系管理

理性情绪行为疗法的ABCD方法提供了一个有效避免在解决冲突时双方情绪过于激动的框架。这个方法结构清晰（四个步骤ABCD）、易于理解，适用于所有人。该方法鼓励参与者承担责任，允许他们说出自己的想法和感受，从而营造出一种相互尊重而非紧张和敌对的氛围。

理性情绪行为疗法在人际关系中分两个阶段进行。第一阶段，每个人都必须按照下面的表述完成ABCD步骤。让每个参与者分享他们的亲身经历并说出他们的想法、情绪及表达方式。第二阶段，每个人都提出改变某一步骤解释（B）、情绪（C）或反应（D）的解决方案。

首先看一下保证理性情绪行为疗法顺利进行需要遵守的规则。

使用理性情绪行为疗法的规则

当讨论触及问题的核心时，最重要的是确保安全。每个人都要相信自己可以自由地表达观点，不会被嘲笑、误解或攻击。如果缺少这个条件，讨论朝着正确的方向行进的可能性基本为零。一个结构清晰的框架可以限制指责、责备等过激行为，这些行为会耗尽参与者的时间和信心。在第八章中提出的方法可以让讨论回归正轨，即以互相尊重为基础进行沟通。

如果有调解人，那么他的职责就是确保冲突双方严格遵守规则。在必要时，他应该公正地暂停双方的讨论，而不显得对某人有偏见。ABCD理论为调解人成功完成这项任务提供了必要的理论体系。当处于B阶段，即解释阶段时，如果发生冲突的一方从"我"切换到"你"，或谈论起他的情绪，此时应该让讨论暂停。应先告知冲突双方该练习的内容，征得双方的同意后，再开始进行练习。

双方需遵守的规则：

■ 不要打断对方的谈话；

■ 不要指责对方；

■ 不要改变话题；

■ 不要评判对方的言论，不管是以口头还是非口头的方式；

■ 承诺将这一过程进行到底。

一方须在另一方开始练习之前先完成理性情绪行为疗法的四个步骤（ABCD）。我建议由情绪更激动的一方开始，否则的话，他可能会不停打断对方来表达自己的观点。

ABCD 方法的第一阶段

每个人都应完成下面的四个步骤。

事件（A）：冲突双方应对事实或问题的中性表述达成一致。

想法（B）：参与者应补全下面的句子，有时这个过程可能需要重复很多遍："面对事件（A），我心里想……"在这一阶段，必须说出在冲突期间产生的每个想法。

情绪（C）：参与者应根据上一个步骤提到的每个想法，补全句子："当我心里想……时，我感觉……"

反应（D）：参与者应根据上一个步骤提到的每种情绪，补全句子："当我觉得……时，我做了……"

我们开始吧！

事件（A）

双方必须以客观、非评判性和非情绪化的方式说出事实。这是整个治疗过程的起点，关键就是要把事件阐述清楚，让大家满意。来看一个例子。

好的	不好的
中性的描述（基于事实）	不恰当的描述（带有评判）
塞巴斯蒂安与另一个女人发生了关系	我的丈夫对我不忠； 我的配偶不诚实； 我孩子的父亲撒谎
丽娜被升为主管	我工作的地方存在不公正的现象； 我就是个替补，完全不受重视； 我工作的地方存在徇私行为
我父母离婚了	妈妈离开了爸爸； 妈妈离开了我们； 妈妈不关心我和爸爸

如果没有一个中立的出发点，即基于评判而不是事实，后面的步骤就会受到影响，可能会使练习过程偏离正轨。一定要留出必要的时间让双方达成一致。

想法（B）"面对事件（A），我心里想……"

"面对事件（A），我心里想……"的表述很重要，可以避免因过快进入情绪（C）或反应（D）阶段而失去对沟通的控制。这个阶段必须严格停留在想法（B）阶段。因为是用"我"来开头，而不是用"你"开头，所以指责被限制住了。这样，对方就不会觉得受到攻击，也就不太可能打断讨论或试图为自己辩护了。通过不断用"我"来表述，可以意识到自己在事件中所应承担的责任。应根据需要不断重复这种表述，直至当事人说出他所有的想法。

再来看一下丽娜的例子。

面对丽娜被升为主管这件事，我心里想：

- 这不公平，我到公司的时间比她长，拥有同样的资格。

- 这是一场权力游戏，他们想把我扫地出门。

- 到目前为止，我对公司所有的付出都没有获得回报。

- 我会永远待在底层。

- 老板不欣赏我的工作。

- 多希望这次是我升职啊，这是我应得的。

- 一定有人在背后说我的坏话，故意诋毁我。

一定要把所有的想法都记下来，因为在下一阶段需要将它们逐一复述出来。

通过听取一个人的所思所想，我们可以进入他的内心世界，这样才能更好地了解他。尽管这些表述未必会使双方紧张的关系得到缓和，倾听者也并不是一定要认同这些表述，但这个练习确实为我们提供了一个重要的信息来源，可以更好地理解表述者的情绪和反应。

情绪（C）："当我心里想……时，我感觉……"

将想法（B）阶段表述的想法逐一进行复述，并增加了一个新的维度——情绪。许多人想当然地认为他们的情绪是由对方引起的：是对方"让我生气"，是对方"伤害我"。另一方在听到这样的指控时必然会要辩解。按照本书提出的框架，当一方以"当我心里想……时，我感觉……"进行表述时，将很容易发现是他自己的想法引发情绪。承担起自己的责任，也就停止了相互指责。如果双方能按照这种表述方式进行表达，就会意识到对方情绪的合理性。例如，一个人想到遭到了背叛，感到很受伤或变得多疑难道不正常吗？员工认为他的同事故意伤害他，那么感到悲伤、失望或愤怒难道不是合理的吗？

如果双方能够严格按照这个流程进行表述，可以有效地提高双方的成熟度，有利于冲突的解决。表述者在不被打断的情况下，说出他内心所有的感受；倾听者学会不带戒备心地倾听，并发现一种更好的处理冲突的方式，即先承认每个人感受的合理性。

还是以丽娜升职为例，情绪（C）可以是这样的：

■ 当我心里想这不公平，我在公司工作的时间比她长，而且我有同样的资格时，我觉得被欺骗了。

■ 当我心里想这是个权力游戏，他们想把我扫地出门时，我觉得很伤心、很惊慌。

■ 当我心里想到目前为止，我对公司所有的付出都没有获得回报时，我感觉很愚蠢、很沮丧。

■ 当我心里想我会永远待在底层时，我感到沮丧和失败。

■ 当我心里想老板不欣赏我的工作时，我感到被忽视了，我微不足道。

■ 当我心里想多希望这次是我升职啊，这是我应得的时，我感到沮丧。

■ 当我心里想一定有人在背后说我的坏话，故意诋毁我时，我感到愤愤不平，遭遇了不公正的待遇。

你可能已经注意到，该练习类似于一种走进他人内心世界，在导游带领下进行的参观。此步骤不允许反驳，但在场充当调解人的第三人可以验证倾听者是否了解表述者的内心活动，这样做可以让双方保持专注。如果提到的情绪与隐藏的想法不符，调解人应该让表述者重新表述这些想法。

反应（D）："当我觉得……时，我做了……"

我们需要再复述一遍在情绪（C）阶段所表述的内容，这次还要加上反应，即行为维度。使用"当我觉得……时，我做了……"这一表述，可以让表述者意识到采取何种行动是个人选择的结果，因此当行动没有达到目的时，则可以对其进行修改。有些人第一次发现，无论他们感受到什么情绪，他们总是做出同样的反应，比如自我封闭、逃避、切断与他人的联系，或人类动物园的其他表现。这个步骤可以让我们重新审视情绪管理的方式，采用更周全、更成熟的交往模式。

以丽娜升职为例：

■ 当我觉得被欺骗了时，我开始疏远并不信任其他人。

■ 当我觉得伤心时，我开始离群索居，不和任何人讲话。

■ 当我感到沮丧时，我开始闭门不出，不希望见到任何人。

ABCD 方法的第二阶段

每个人都阐述完自己的ABCD之后，就到了修复局面的时候了。根据具体情况，对这四个步骤中的某一步骤进行干预。

纠正事件（A）

如果冲突是由于某一错误的举动引发的，就必须要纠正这个举动。纠正的两种方法如下。

改正错误

■ 一个人挖了一条水渠，没有征得邻居的同意，就把自家地里的水排到邻居家去。这个人应该把水渠填上，并且必须向邻居道歉。

■ 一名员工非常敬业，却没有像其他同事一样得到加薪。由于他要求不高，觉得老板给的薪水还可以，就没有像其他人一样去找老板谈加薪。但当他得知自己拿到的薪水最少时，他感到被愚弄、利用，甚至被嘲笑了。老板必须向这名员工道歉，并给他加薪，甚至还应该给一笔赔偿金。

■ 弟弟抢走了姐姐的玩具，他必须把玩具还给姐姐。

■ 一个人在开会时对一名同事发表了不友善的评论。他应该向她道歉，或者在同样的场合下，说一些赞美她的话。

在可能的情况下，改正错误对人际关系修复作用最大。但只有真诚、自愿地去改正错误，而不是被迫去做，才能真正改善人际关系。

道歉的重要性

◆◆◆

公寓大厦管理委员会第一次召集20名共同业主开会，他们当中的大部分人都是第一次当共同业主。针对会议的每项议程，很多人都大声说出自己的观点，他们把其他人视为威胁，而非合伙人。当其中的一名共同业主——伊莲提出自己的建议时，吕克反驳说她的想法很低级。伊莲准备辩解，委员会主席为了保持会场秩序，声音越来越高，每个人都开始选择支持伊莲还是吕克。当会议结束时，许多人都觉得非常不舒服。伊莲感到很痛苦，而吕克呢？他在离开会场时，为他说了那样的话感到羞愧。

第二天早上，伊莲看到一封来自吕克的电子邮件："伊莲，我昨晚睡得很不好，我一直在想昨晚开会时我说的贬低你的话。我知道你非常敏感，可能你也整晚都觉得很不舒服。我为我所说的话感到羞愧，那完全是无礼的指责。我非常尊重你，你很正直、善良、聪慧。我真诚地向你道歉！这是我的错。很抱歉伤了你的心。我能做些什么弥补你吗？我是真心的！希望你能原谅我。吕克。"

几秒钟后，伊莲写了回信："吕克，谢谢你的留言。我不怪你了，因为每个人都有权犯错。我已经把这件事忘了。再次感谢你的留言。伊莲。"

表达歉意

有些错误是无法挽回的。例如，苏珊娜和爱人在墨西哥度假时，得知母亲去世了。她马上回国，流着泪参加了葬礼。由于他们在墨西哥还剩两个星期的全包套餐，苏珊娜的爱人决定留在"暖和"的地方，而不是陪苏珊娜回国，尽管他们已经共同生活了五年。在葬礼期间，苏珊娜意识到爱人不在给她带来了多大的伤害。有几次她都被问道："你怎么一个人？你爱人呢？"她感觉很丢脸，无法告诉别人她的爱人还在度假。当然，他也问过苏珊娜，是否希望自己陪她回国（在她看来，他并没有什么诚意），她回答说没有必要，而他也没有坚持。两周后，他回到家，意识到自己真的让爱人失望了。然而，想要改正错误为时已晚，葬礼已经举行了。在这种情况下，应该真诚地道歉并做出弥补。比如说，给亲戚写一封慰问信，并向他们承认自己的错误。还可以给苏珊娜送一个可以感动她的礼物或惊喜，并告诉她，他真的意识到错了，很抱歉。

纠正想法（B）

从想法着手，解决冲突的可能性最大。一旦错误的想法得到纠正，负面反应的链条就会被切断，双方关系也会得到改善。由于在 ABCD 方法的第一阶段双方都已经说出了自己的想法，此时双方都已了解了彼此隐藏在内心深处的想法，并有机会表达出他们对这些想法的理解，然后纠正所有的不合理信念。

例如，认为妻子对他不忠的男人，得知妻子其实是每周有一个晚上出去兼职，另外打一份工来维持家庭生计。由于她不想伤害丈夫的自尊心，所以需要打工的那天晚上她就假装是和朋友出去玩。只要把这个男人的想法（B）改成 2+2=4，真相大白，冲突立即就解决了。

雅克听说有人在给他制造麻烦，阻止他获得一份重要的合同。他认为是斯蒂夫在从中作梗，因为后者已经获得了一份差不多的合同。斯蒂夫想跟他联系，但他坚信斯蒂夫背叛了自己，不肯接电话。不久之后，他从两个人共同的好友那里得知，斯蒂夫联系他是想跟他共享得到的合同。当他意识到自己的错误时，他的情绪（C）和反应（D）都发生了转变：他去见斯蒂夫，为自己的所作所为道歉，特别是为自己对斯蒂夫缺乏信任而道歉。

纠正情绪（C）

真诚、富有同理心地认同对方的情绪，有助于排解对方的情绪。就像为了提醒我们注意，警报系统会一直响一样，有些人也会不断地重复他们的信息，直到确信他们所传递的信息被对方接收到为止。热情、真诚地做出回应，特别是对第一阶段所分享的情绪做出回应，有时就能治愈对方心灵的创伤。来看几个例子。

■ 我不知道你觉得被羞辱了。这对你而言可能很痛苦，真的很抱歉。

■ 对不起，我伤了你的心。我不是故意要伤害你的。

■ 我没有想到你会感到内疚，其实这件事怪我。很抱歉等了这么久才和你说这些话。

■ 我知道你生我的气了。如果这件事发生在我的身上，我也会生气的。

纠正反应（D）

纠正反应就是纠正在面对突发情况时做出的反应。

例如，吉姆和菲利普是老邻居了，虽然他们的关系还没有好到成为朋友的地步，但他们有时也会互相帮忙。比如当一方需要某样工具或需要帮忙时，另一方都会愿意效劳。有一天，吉姆在家里锯树时不小心把一根树枝掉进了菲利普的游泳池。由于菲利普听了一整天的电锯声（这一天是周日，他唯一的休息日），愤怒地对他的邻居大喊，说他本可以更小心些，怎么连锯树都锯不好。当吉姆提出要把树枝捞出来，再把游泳池清洗一下时，菲利普拒绝了："不，不，现在的破坏已经够多了，我不想再听你说这个了！"吉姆回道："随便你！你想做什么就做吧，伙计！"然后转身离开了。冲突是公开的，两个人沉默了一个星期。在此期间，两个人都好好想了想这件事。而吉姆作为犯错的一方，决定先迈出一步，因为他非常清楚，沉默持续的时间越长，就越难重新和好。

于是，在周末他敲响了菲利普的门。菲利普给他开门时，看到他的手里拿着一瓶酒，眼里透着遗憾。菲利普看出来邻居是来道歉的，他被这一举动所感动，也为自己的咄咄逼人道歉。二人握手言和，不仅解决了冲突，还增进了他们的感情。这通常是冲突得以真正解决时出现的情况。

采取外交官的态度，而非灵长类动物的态度，总能保证取得更好的结果。

让我们再看一个例子。一个星期五的早晨，苏菲走进办公室时，发现她的同事席琳正在翻她的文件柜。

"你在我的办公室做什么？"

"早上好，苏菲！不好意思，我在找一份资料，我写报告需要它。我必须……"

还没等她把话说完，苏菲就打断了她。

"嗯，抱歉打断你一下！你没有必要来翻我的办公室。如果你需要什么，你可以直接跟我说。真是的！"

苏菲把包扔到椅子旁边，看也不看她的同事。

席琳连忙道歉，说她以为苏菲星期五不上班（通常苏菲星期五都不上班），而且她必须在下午下班前将文件交给老板。苏菲还是表现得很不耐烦，把文件扔到桌角。席琳在离开苏菲的办公室时，再次表达歉意。

在这种情况下，灵长类动物占支配地位的人，在遭到如此咄咄逼人的拒绝后，典型的反应是和当事人断绝往来，找其他同事诉苦，甚至跑到老板面前去告状。但是，席琳没有采取这些幼稚的策略，她给苏菲手写了一张便条，之所以没有发电子邮件，是因为她觉得手写会更有诚意：

> 对不起，苏菲，我为今天早上我做的蠢事向你道歉。我保证，以后不会再发生这样的事了。我真的以为你星期五不来上班。祝你周末愉快！

星期一早上，当席琳来到公司时，在电脑前面发现了她写给苏菲的便条，皱巴巴的。她意识到苏菲没有接受她的道歉，也没有打算和解。她很平和地处理这件事。尽管知道苏菲在背后说她的坏话，但她还是一如既往、很友善地对待苏菲。她想，她的同事可能比她更惨。这就是成熟的思考方式。

正如我前面提到的，一段关系的满意度取决于每个人的成熟程度。受本能驱使而不是通过思考做出反应的人，特别是那些已经成年但仍然无法控制原始反应的人，对周围更成熟的人来说仍然是一个挑战。我们唯一能做的就是做好自己。

下面这个例子，说明CREERAS计划对正在经历冲突的人是很有帮助的。

一对夫妇在湖边买了一块地。在这块地的两边是已经建了大约20年的住宅。其中一个邻居在这块空地上搭了一个棚子，用来放木料。夫妻俩不想与人争吵，于是给市政府打电话，看看怎么拿回属于他们的地。市政府负责人告诉他们，这种事情归市里管，他们会给邻居发函。几天后，夫妻俩站在自家地里，看到邻居在外面，想上前和他打招呼。但是，他们还没来得及开口，邻居一看到他们就喊道："你们有了新邻居后，总是这么不讲礼貌吗？"夫妻俩面面相觑，不知道如何作答，因为这种打招呼方式是他们完全没有想到的。邻居继续说："好，好，我现在就把棚子拆了！"还说了一句脏话，然后摔门而去。

又过了几天，当邻居和他的妻子在外面干活时，夫妻俩听到邻居夫妇在互相谩骂，这表明邻居在沟通方面存在问题，并不是只针对他们的。

在这种情况下，如何使用CREERAS计划呢？

首先，要确定每个当事人在0～10级中所处的位置。邻居们当然是在0～3级，因为他们采取的是原始策略，属于灵长类动物阶段。而夫妻俩由于没有用同样的语气回击，也没有试图指责任何人，所以可以确认他们不是构成问题的一部分，而是属于解决方案的一部分，他们是外交官。

鉴于他们各自的情况，不鼓励双方进行沟通。因为要想进行有效沟通，双方必须停战并承担各自的责任，但是显然邻居做不到这一点。不幸的是，在发生纠纷时，很难与0～3级的人和睦相处，必须由调解员从中调解，或者交由法院来解决。

唯一的希望是，通过坚持能达到水滴石穿的效果。每个小小的积极行动、与人为善的态度和耐心，无论多么微不足道，只要坚持，最终都会实现它们的目标。永远不要低估你所树立的外交官榜样影响你身边的人的程度！

夫妻俩继续表现出对邻居的尊重，让邻居能够从中学到一些关于处理人际关系的知识。通过使用CREERAS计划，他们可以确认自己是对的一方，他们以实际行动证明了这一点。

没有以和平的方式结束冲突，就算不上完全结束。

——梅里特·马洛伊

克服最强烈的冲突，使我们获得一种稳定超然的安全与宁静。

——卡尔·古斯塔夫·荣格

第十二章

促进冲突解决的其他方法

处理冲突的历史可以追溯到很久之前。在地球上生命出现的最初几百万年里，一切冲突都仅仅是为了生存。交流或多或少只能靠吼叫，冲突的核心主要围绕着谁能得到食物、谁能繁育后代这两个问题，谁最强谁就能解决问题。

随着时代的变迁，冲突原因和解决冲突的策略都发生了很大变化。然而，在日常生活中遇到困难时，我们还是会使用从祖先那里传下来的原始策略，这会损害我们的人际关系。

自出生以来，我们大多数人都没有机会学习冲突管理方面鼓舞人心的模范案例。因为儿童通过模仿习得知识，所以我们只是重复了老师教给我们的方式和反应，而他们的方式和反应又是从他们的老师那里学来的。这些方式和反应就这样一直重复，早已成为习惯，我们不需要去思考，重复使用就可以。我们开始相信它们是我们身份的印记，我们无法改变，但事实却并非如此。我们在童年时期就可以使用它们，但掌握它们并不是因为这是个性的反映，而是因为我们从出生起就一直在重复练习。如果这些行为方式导致了糟糕的结果，那么是时候做出改变了。

人际关系是保持生活质量的一个最重要的因素，所以我们应该在它身上投入时间。本章将为你额外提供十一种工具，帮助你管理分歧和争端。

杂货单

你听过这个故事吗？一位女士让丈夫去杂货店买咖啡、黄油和牛奶。当他在路上时，她给他打电话，让他再买点糖和奶酪。他从杂货店回来，把糖错买成了面粉，还忘了买黄油，而她最需要的就是这两样。

这种情况在所有冲突管理中时常发生：把一件事错当成另一件事，或者因为其他琐事而忘记了最重要的事。我喜欢给来访者讲这个故事，并在一开始就向他们提出问题："在你的需求清单中，哪一项对你最重要？"同时我还要确保他们的注意力集中在这一特殊点上。必要时刻，我会用买东西的比喻把讨论拉回正轨，"我们是不是忘了黄油"或"你是不是在往杂货单上加食物"。这种幽默的隐喻有助于讨论更有成效的话题。

同样，对个人而言，认识到主要的刺激因素，就可以把自己的想法整理好，防止讨论走向混乱，还能避免自己在起伏的情绪中迷失方向。

还有一种方法：提出一个总结性的句子。例如，"伤害我的是……"或"让我不满意的是……"或"对我来说问题的根源是……"。这个方法就像在导航里输入目的地，导航会直接规划好路线引导我们驶向它。

调查者和被调查者游戏

想要被别人理解，先试图去理解别人。

——贝卡·刘易斯·艾伦

在任何关系中，拥有强大的调查技能当然是一个优势。这一点（尤其是当我们的反应和情绪来自本能时）更为真实，在冲突中也确实经常出现这种情况。

首先，为了强调这个优势的重要性，我向来访者提出了一个试验：他们必须闭上眼睛，试着在心里描绘自己所在的房间。我请他们想象墙壁和墙壁上的东西、天花板、房间里的物品陈列等。然后我请他们睁开眼睛，比较一下他们心里的房间与现实情况。我们发现，总会存在差异，这也证明了想象和现实是两码事！

你喜欢这个试验吗？再来一个。

我要求来访者记下房间里所有黑色的东西。观察10秒后，他们必须闭上眼睛，告诉我所有红色、蓝色或其他颜色的东西。惊喜吧！他们很难完成任务，因为他们只关注了黑色的东西。

这两个试验表明，大脑非常容易欺骗我们，因此我们要善于调查，以确保讨论所依据的是现实情况，而非我们的想象。善于调查的人能够保持开放的心态，能够提出有效且恰当的问题，最终能够更好地了解对方所想。

使用说明

作为调查者，你的职责是调查对方对冲突的看法。因此，你需要保持公正，并确保自己收集到了所有的信息，以便在事后制作出一份准确的报告。而被调查者则要毫无保留地回答调查者的问题。请注意，调查者最后必须交出这份报告，用以说明他理解了被调查者的立场，这份报告必须得到被调查者的认可，然后才能互换角色。

为了确保这项任务能够成功完成，请制作两张卡片，一张标有调查者，另一张标有被调查者，上面写着要遵守的规则，每个人依次将其中一张卡片拿在手上。

优秀调查者准则

（1）严禁转移话题。

（2）严禁以口头或非口头的方式判断被调查者的回答。

（3）严禁分享你的意见，你的任务只是调查。

（4）在完成调查之前，你要多次询问被调查者：你还有什么重要的事情要告诉我吗？

（5）将你调查所得的重要内容制作成报告，并获得被调查者的充分认可。

优秀被调查者准则

（1）严禁转移话题。

（2）严禁以口头或非口头方式判断调查者的提问。

（3）如果你拒绝回答一个问题，你只能说"过"。

（4）调查者的报告要符合你的所有要求才能予以批准通过。

调查结束后，每个人的报告里应包括对事件的描述（A）、对方的想法（B）、情绪（C）和反应（D）。在任何情况下，调查者都不应该提出自己的意见或论据来改变对方的观点，否则任务失败。在调查者成功获得被调查者的完全认可之前，调查应持续进行。然后，双方互换角色。

给调查者的建议

避免封闭式问题（用是或不是来回答的问题）。相反，可以使用以下表述："你说的……是什么意思？你怎么会认为……你能给我举个具体的例子吗？"

在重新表述或提交报告时，鼓励使用以下句式："如果我理解正确……""我听说你认为……""在你看来……""换句话说，你认为……"。

在冲突双方完成了调查员阶段之后，可以举行献策会或头脑风暴会议，以寻找解决方案。加两把中立的椅子，邀请双方坐在上面，这样才能在制定解决方案时更加客观。他们摇身一变，成为"场外顾问"，为调查者和被调查者之间的冲突提出可行的解决方案。

100% 规则

原始的或有或无策略（选择开关而非调光器，你还记得吗）也被称为100%规则。当冲突发生时，许多人认为他们100%正确，而对方完全错误。如果是你，你会不会考虑对方可能1%正确？去试试吧！讨论初期，与其立即提出我们99%正确，不如先承认对方1%正确，这样一来，冲突管理就能在积极的氛围下展开。这往往也足以平息紧张局势。对方的立场已经被认可，不再需要为强调它而斗争。这个阶段有点像为播种做准备，收获虽然还很遥远，但我们在为生长创造最佳条件。同样地，这一阶段虽然不能彻底解决冲突，但它确实创造了一个有利于处理冲突、相互尊重的氛围。

100% 规则也可以这样使用：我们总是相信自己 100% 正确，但能否承认自己有 1% 可能错了或者反应不好？我们要找出那 1% 的错误，并在最开始就提出来。承认并提出我们的弱点，可以营造出有利于良好交流的氛围。如果我们主动承认错误，对方就不必气急败坏地加以指责。而且，自己主动承认比被对方当面指出更容易让人接受。

自己的角色

在一场冲突中，你扮演的是下面哪个角色？

完美主义者亨利	严厉的西尔维	懦弱的拉乌尔	优越的母亲
复仇的丽丽	小丑马克斯	仇恨的阿尔伯特	妒忌的查尔斯
默默承受的派特	禁止发声的人	被放逐的雷米	被抛弃的艾米丽
爱哭鬼朱莉	推土机雷内	温和的马里奥	讨厌的乔乔
疯狂的威胁者麦克斯	王牌中的王牌鲍勃	制裁者尼古拉	冷静的卡蜜儿
冷静分析的医生	龙卷风林戈	紧张的山姆	被抛弃的艾米勒
判决者文森特	混乱先生	受虐的波波	逃跑的勒巴隆

每个人物都代表了灵长类动物或木头人的一种反应。你如何用外交官取而代之呢？

寻找正面解释

有些反应是自发的，例如在受到攻击时进行自卫。寻找正面解释与此恰恰相反，它不是本能反应，必须有人强制我们这样做。这种逻辑违背了生存本能，所以必须付诸努力才能得以实现。认为对方一开始就对我们怀有善意，这确实需要一些想象力，但从这个前提出发，我们能够以全新的角度审时度势。更重要的是，我们能更好地去处理矛盾了。我们不再心怀憎恶，不再妄加评判，而是看到照亮我们认知的小小光芒。结合100%规则，这种方法会带来更好的结果。

还有什么呢

观察下面这幅图，回答下面的问题。

你看到了什么？一朵花。

还有什么呢？一朵白花。

还有什么呢？黄色花蕊。

还有什么呢？黄色花蕊有几根茎。

还有什么呢？它们都是不同的。

还有什么呢？花蕊中间似乎有一个较硬的部分。

还有什么呢？白色部分似乎排成了不同的花瓣。

还有什么呢？它看起来栩栩如生。

还有什么呢？白色花瓣还有叶脉。

还有什么呢？

我们经常在回答完第一个问题时就停下来了，不是吗？一朵简单的花，就有这么多的东西可以探索，更何况一个人呢！

第一眼，大家都看到了这朵花。但我们提问越多，大家越惊叹于它的复杂……同时也惊叹于它的整体形态。

在喧嚣的生活中，我们不可能停下来思考每一件事、每一个人，并不断问自己"还有什么呢"。我们因此错过了很多让每件事和每个人变得伟大的小细节。

我们也可以独立完成这个练习，花也不需要问"还有什么呢"这个问题，我们就能充分欣赏到它的美丽。

在发生冲突时，请尽量看到对方积极的一面，并补充说"还有什么呢"。

不必为了解决冲突去解决问题

如果你翻修了浴室，那是否意味着厨房也不能用了？许多经历冲突的人都会做出这样的解释：因为他们的意见在某一点上没有达成一致，所以整个关系都受到了影响。他们对于问题和冲突不做区分。我们同意在某些问题上存在分歧（只要它们不违背我们所信奉的真理），并享受对方能给我们带来的东西……至于房子，即使浴室不能用，还可以使用其他房间。不要被光环效应蒙蔽双眼，仅凭一个问题就影响了整个关系。你会把一个正在装修的房间隔离起来，确保灰尘不会污染到整个房子。同样地，你也可以把问题隔离开来，避免它破坏你们的关系。

一个坑洞

停车场车位附近有一个巨坑，每次开车经过时你都格外小心，尤其在雨天一不小心还是会磕碰到，有时甚至直接掉进坑里。你有如下方案可供参考：视而不见，如此一来，情况只会更糟；临时找一些东西比如木板将其暂时遮挡一下解燃眉之急；干脆找一个机会或是就趁现在将其彻底修葺一番。最后的方案才能避免严重后果，也能保证在同样的情况不会再次出现问题，至少问题不会出现在同样的地方。

关系冲突就像一个坑洞，解决方案有如下两种：等待时机修复或采取临时方案；迅速解决，一劳永逸。在你迄今为止所经历的冲突中，你更喜欢哪种方案？千万不要拒绝、拖延或选择临时方案，这只会在不久的将来造成更大的麻烦。

笑声对生活来说就像汽车减震器，它不能填平道路上的坑洼，但会让旅途更加愉快。

——芭芭拉·约翰逊

橡皮和神奇修正液

在家庭日常生活中，我们不可避免地会犯大大小小的错误。为了避免拖延，尽快解决冲突，我请你用橡皮来代表想要擦去的语言或行为，即修正自己所犯的小错误，用神奇修正液来消除大错误。使用方法非常简单。将它俩放在一个明显的地方。如果是小错误，多说一句过分话的人就得把橡皮递给被攻击的人。你不必说出"我道歉"这句话，只要做出这个动作即可。这更能让人承担自己的责任，而且道歉是做出来的而不是说出来的，更能表现出诚意。而对于大错误，就要递出神奇修正液，这时必须遵循预先制定的协议，向对方口头道歉或赠送礼物作为补偿。

谈判的艺术

这个话题已经引发了大量的探讨！原因是它很重要，从童年开始，我们就不得不经常通过谈判谋取我们想要的东西。孩子们为玩具、为何时睡觉讨价还价；青少年想要争取更多的外出机会和零用钱；成年人也有许多利益需要捍卫。随着时间推移，我们自认为深谙谈判之道！不幸的是，事实很少如此。

谈判结果主要有以下四种情况。

0：0　双方皆输

10：0　我赢你输

0：10　我输你赢

10：10　双方都赢

上述任意一种情况都能结束冲突管理，但只有双赢才会令人满意。

0：0

这是最简单的情况，既不讨论，也不努力。于是，我们结束了一段关系，并说服自己这是最好的解决办法，然后生活继续。不幸的是，许多冲突都以这种方式结束，双方皆输。

请注意，情况也有例外。有时，形势看上去像是双方皆输，但实际上却是双赢。比如有些离婚的情况就是如此，夫妻双方共同生活时无法相敬如宾，但一旦他们分开，各自的生活都会变得既充实又快乐。职场有时也是这样，员工为了追求梦寐以求的爱好，鼓足勇气辞去了解决温饱的工作。雇主方面，虽然失去了一名老员工，但可能会迎来一个更热爱这份工作的新人。对双方来说，乍一看似乎是损失，实则是双赢。

10：0 或 0：10

10：0 非常受欢迎。在灵长类动物的心中，一切都"以我为主"。比如，收银员犯了个错，找零时多给了顾客 10 美元。顾客非常高兴，他留下这 10 美元，却不知道这个拿最低工资的可怜妇女在下班时必须自掏腰包垫上这笔钱。灵长类动物会为自己的所得沾沾自喜。但在面对同样的情况时，外交官可能不假思索就把钱还给收银员。

当然也会发生这样的情况：为了迅速结束冲突，一方主动求和，甘愿做失败者。这就是 0：10。然而，这一决定很可能会在未来几年内带给他无尽的后悔与痛苦。内心的压抑积攒到某一时刻就会爆发，他厌倦了总是自己做出让步，因此为这段关系画上了句号。然后，他指责对方利用了自己和自私，但他之所以选择保持沉默，向对方屈服，是因为自己缺乏能力或勇气。

让我们再举个例子，一个人和同事去餐厅吃午饭，但经常"忘带"钱包。"我忘带钱包了！你能帮我付下钱吗？我明天还你。"第二天，他当然不会想要还钱。因为数目不多，同事也不好多说什么，但连续几次他都这样。同事提醒过他几次，最终他还了钱，但他这种行为还是破坏了和同事之间的关系。

在辩论中，一个人坚持要求获得自己应得的份额，这可能会显得不够慷慨、咄咄逼人或过于严格，其实恰恰相反，他的坚持有助于长久地保持良好的人际关系。

选择做失败者看上去很光荣，但其实不然，因为以0∶10或10∶0结束的冲突就像一辆只有一侧轮胎有气的汽车，开起来会有问题，而且旅途也不会愉快。

奉献的人推动世界前进。

索取的人让自己进步却阻碍世界向前发展。

——西蒙·斯涅克

10∶10

双赢者优先考虑的不是自己的利益，而是如何保持良好的关系。他们想要创造双赢的交流，以确保关系持续发展，双方都能受益。他们还会以长远的眼光审视自己的观点。

为了达成谅解，双方都要做出让步，看似双方都吃了亏，实际上还是有收获，因为只有这样才能提出一个大家都能接受的解决方案。如果10：10不可能，那么就5：5或8：8。涉事者必须机动灵活，还要颇具创造性。

想一想你过去解决过的冲突。它们的结局如何？是0：0、10：0、0：10还是10：10？

既然无法改变，那就坦然接受

除了一些常见冲突外，夫妻之间也有他们的经典冲突场面，即总是为了同一件事不断争吵。

一天，我对丈夫说："亲爱的，我刚读了一本书，它会改变你的生活！"我的预言竟然成真了！美国作家、夫妻心理治疗师哈维尔·亨德里克斯告诉我们，生活中60%的冲突是无法解决的。想一想与你交往超过五年的人，你能细说出那些困扰你的琐事吗？自从你们交往以来，对方的行为或态度变化大吗？

坏消息是对方并不会改变。一个人的个性和脾气，就像水泥中的沙子、玫瑰上的刺或天空中的云朵（天气不好时会乌云密布）一样顽固不化。最初你无法接受的东西只会在以后的日子里一次又一次地激怒你。所以，请给自己和对方一个礼物：列一张清单，指出对方让你厌烦的地方，即经典场面，同时指出自你们交往以来对方都不曾改变的地方，并强迫自己永远不要再为此争论！坦然接受吧！

换句话说，你要关注对方骰子上的4点、5点和6点，即别人的长处，而不是不断瞄准1点，即别人的弱点。记住，你也有1点，别人肯定也会厌恶你的1点。如果你总是要求对方做不可能完成的事，那么怨恨会占据上风，冲突会持续困扰着你。

第四步

培养和巩固关系

受到伤害时，你没有说出伤人的话，这表示你已经在很好地呵护这段关系了。如果我们都能做到这点，就不会给对方造成不可弥补的伤害，关系舒适度也不会跌到3级以下。冲突发生时，先审视自己，而不是将矛头直指对方。这样做也是在向对方表明，他们在我们的生活中不可或缺，如此一来，关系舒适度就能提升至5级。此外，要学会说甜言蜜语，比如"我爱你"和"谢谢"。同时，不仅要善于聆听，还要以开放和诚实的态度敞开心扉，听取别人的意见。这样才能提高谈判技巧和冲突管理技能，有助于我们实现更高质量的交流与沟通，同时也能够将关系舒适度提升至8级。但是，如果想拥有特殊、神奇的关系，即达到9级关系舒适度，我们还有很长的路要走。

众所周知，健康与不生病其实并非同一个概念，同理，区分关系类型亦是如此。正常的关系与充满活力、鼓舞人心并且能够每天给人带来幸福感的关系依旧相距甚远，毫无疑问任何人都期待拥有像后者那样的关系。但为了去塑造这种关系并使其能长久保持下去，我们必须依靠自身的力量去输出源源不断的上升动力。当然，有时自身的重力会让我们感到疲惫……

总之，解决与和解是两码事，解决的是问题，而和解的是关系。处理冲突固然重要，它确实解决了问题。但为避免节外生枝和不必要的麻烦层出不穷，和解似乎是唯一的解决方案。

所以，冲突解决之后，我总是给来访者一些建议来巩固双方的关系：安排一次出游，邀请对方一起从事喜欢的运动，给对方制造小惊喜或赠送礼物，甚至仅仅早上在办公室里一起喝杯咖啡也是不错的选择。这些行为有助于加强联系，快速弥合此前可能残留的小创伤，就好比在家具表面涂上一层新的保护清漆（当然这并非必要，但事实证明它的确能够防止磨损，保护家具未来免受二次伤害）。

最后一章将向你介绍几种加强同他人联系以及创造人际关系魔力的方法。

祈求上天赐予我平静的心，接受不可改变的事，给我勇气改变可以改变的事，并赋予我分辨这两者的智慧。

——马可·奥勒留

第十三章

成为魔力的创造者

看到那么多人走出家门只为看几分钟的烟花表演让我感到非常诧异。以蒙特利尔国际烟花节为例，每年烟花节吸引着约300万游客前来观赏。为了观看这场烟花表演，人们常常遇上交通堵塞或大雨天气，更有甚者，为了得到拉隆德游乐场或游轮上一个理想的观赏位置，很多人不惜花费重金。圣海伦岛的两岸挤满了观众，雅克－卡蒂埃大桥对车辆关闭，行人争相在斜坡附近寻找位置观看烟花表演。而烟花表演只持续短短的30分钟……却是让人心动和赞叹不已的30分钟。这些特殊的时刻是如此难得，以至于当我们确定它们会出现时，就已经准备好竭尽全力，无论如何也不能错过了。

　　我们能够按照自己的意愿选择合适的时机，为某个人创造这些特殊时刻吗？

　　当然有可能！要想在一段关系中创造出魔力，就像精彩的表演一样，需要我们精心准备，全情投入，愿意给对方制造惊喜，让对方刻骨铭心，感动不已。此外，我们必须有心理准备，接受一个现实：这个难忘而美妙时刻，一旦过去，虽然会一直留在我们的记忆中，但是惊喜程度会逐渐降低，直到下一个让人印象深刻的事件发生。换句话说，双方关系保持在9级是不现实的。由于激情不可能长期持续下去，就认为一段关系出了问题，这可能才是关系出现问题的真正原因！

关系魔力是存在的，但需要创造，特别是在发生冲突之后。实现这一目标的方法，可以用一个词来概括——付出。家长们经常说，他们对孩子的爱与在养育孩子方面投入的时间和精力成正比。为安抚哭闹的婴儿而度过的不眠之夜，为了找出孩子发烧的原因和退烧紧急跑去看医生，这些付出都会激发家长对孩子的责任感和爱。同样，在培养人际关系方面投入时间和精力可以使双方关系更加牢固，建立更紧密的情感纽带。这种付出在任何类型的关系中都是很重要的，特别是当双方出现争端时，要想修复关系必须要有所付出。

当我问要想在人际关系中创造出魔力该如何做时，大多数人都回答道："什么都没做，我能做什么呢？要么有感情，要么没有！"换句话说，他们把自己看作是被动的接受者，就好比买彩票，运气好就中，运气不好就不中。

那些感慨夫妻之间不像以前那么浪漫，与同事或朋友的感情变淡的人，往往没有做出任何行动去重新点燃激情。他们把维护关系的责任交给对方，交给命运，或者当努力没有结果时，他们马上就气馁，放弃了。更糟糕的是，他们认为激情耗尽就表明这段关系"完蛋了"。他们不知道的是，就像生活中的其他事情一样，在一段关系中，有多少付出就有多少回报。

巩固和改善关系需要我们主动出击，制造新鲜感和做出超过对方期待的事，让其成为难忘的经历，永远铭刻在双方的记忆深处。秘密地为对方准备惊喜，以行动证明你对他的爱。因为生活需要添加一点调味剂，正是这些小惊喜，让我们体验心灵的触动与无以言表的快乐。

在你的记忆里，有没有哪个瞬间最让你感动，让你在每次回想起这个特殊时刻的时候，内心就会涌起汩汩暖流？是什么创造了这种魔力？你能找到其中的秘诀吗？

在时间和情感方面的投资通常是在一段关系中创造魔力的关键因素，其重要性远远超出了任何经济方面的投入。因此，只要愿意投入必要的精力，人人都可以创造魔力。在对方身上种下快乐的种子，温暖他们的心田，并且这温暖的感觉会一直定格在记忆中，这难道不是很美妙的吗？

先投资自我

对自我进行投资与维护和巩固人际关系，这二者之间存在怎样的关系呢？答案很简单：要想在一段关系中处于最佳状态，首先你必须处于最佳状态。健康的自私❶是改善和增强人际关系最有用的做法之一。通过不断学习，坚持自我更新，发掘自己的优势，在保证安全的前提下，进行挑战和冒险，保持平衡，这些都是维持激情和为生活注入活力的方法。培养耐心、与人为善、对人慷慨，注重内在，可以让我们成为更好的自己，让我们像磁铁一样对别人产生吸引力。

俗话说得好，动一动永远不生锈！就像一辆保养良好的自行车比一辆闲置在阳台上多年的自行车骑起来要更顺畅一样，注重培养能力、才华和激情会使人际关系变得更加融洽。全心投入生活中，会让生活变得更加精彩、充满活力，并且带动和激励周围的人，让他们也变得更有活力。一个装满水的壶会比一个空水壶的作用更大。同样地，做一个幸福感满满、有趣的人，会让我们有更多的东西值得分享，也会给身边的人带来更多的快乐。

每个人都有自己的方法让生活变得丰富多彩，但在开始之前，通常需要回答这样一个问题："怎么做才能更有成就感，更快乐呢？"让我们花点时间来回答一下这个问题吧！相信我们可以找到答案。

---

❶ 译注："健康的自私"出自尼采，他区分了两种个人主义：一种是"健康的自私"，它源于心灵的有力和丰富，强纳万物于自己，再使它们从自己退涌，作为爱的赠礼；另一种是"病态的自私"。

就这个问题，你如何作答呢？好好思考一下吧。它会让我们走上一条斯科特·派克所说的"少有人走的路"和拉尔夫·瓦尔多·爱默生所说的"让人恐惧的路"。要想踏上让我们变得快乐的旅程需要付出努力，甚至有时需要重大的改变，但如果我们能够坚持下去，就会抵达风景更加优美的目的地。

再投资关系

通过努力让我们与他人的关系到达9级，就好比往锅里多加一点黄油，蛋糕就不会粘锅；在固定装置上再插入一颗螺栓，就会更加牢固。但这更像在桌子上放一束花，使桌子变得生机勃勃；在枕头上洒上甜美的香水，做一个甜蜜的梦。虽然这些都不是必需品，但正是这份小精致，让人感到更加安心和赏心悦目，使我们的人际关系变得更加丰富多彩。

有人说，不爱也可以付出，但不付出就不能得到爱。魔力的创造者不会等对方先迈出第一步，也不会计较对方是否和他付出的一样多。他这样做纯粹是为了在对方眼中看到火花，创造一个属于彼此的难忘的时刻。做一些打破常规或出乎意料的事情。周二晚上和孩子一起看电影，周五和同事一起吃午餐，周六和爱人一起去餐厅吃饭。这些事情虽然令人感到愉快，但重复几次之后人们对此就会习以为常，还不足以创造出魔力。要想创造魔力，需要不断地进行创新发明、制造惊喜，为生活增添新鲜感。当然，这需要我们绞尽脑汁去想，付出大量的时间和精力去做，但回报也是相当丰厚的！还记得你上一次为身边的人创造魔力是什么时候吗？

尊重对方的利益和需要

在一场篮球比赛中，要想获胜，仅仅能抢到球、会运球和突破对方防守是不够的，还必须要投篮命中。在生活中，能够与他人建立关系并患难与共是一件好事，但是要想提高分数，首先要知道如何得分。每个人都有自己的愿望、需求、喜好（篮筐）。真相圆环是一个非常好的练习，可以帮助你了解对方真正在意的是什么。所有尊重真相圆环的举动都可以得到最高的分数。然而，我们常常把自认为好的东西给对方，导致无法命中对方的"篮筐"。

例如，一位89岁的老人，大约20年前丧偶，老人有很多土地，在他的真相圆环中有一项非常具体的活动：照料他屋后的森林。每天他都骑着山地车到地里砍树，修几条新的小路，搬运取暖用的木材等。尽管他身体非常健康，但他的大儿子和二儿子还是担心他一个人在森林里使用机械锯可能发生意外。儿子们以他年事已高为由，说服他放弃这项活动。但是当他不再做这些事之后，仿佛一切都被夺走了，很快就失去了生活的乐趣，甚至连饭都不愿意吃了。几个星期之后，他的小儿子（也已经64岁了）在他90岁的生日时送给他一份礼物：一把新的、更先进的机械锯。老人当天晚上就和它一起睡了，这又让他重新燃起了对生活的热情。这一举动会对老人和儿子们的关系产生怎样的影响？可以让另外两个儿子明白在森林里工作对老人而言是多么重要。带老人去南方旅行或给他几千美元不会产生同样的效果。要想让行动达到预期效果，首先要保证它符合对方的利益。

盖瑞·查普曼在几年前出版了一本书叫作《爱的五种语言》。通过这本书可以了解夫妻的相处之道。直到今日这部作品仍然吸引着大批读者。他在书中指出，在这五种语言中（如下文所述），每个人都有专属的一到两种主要爱语。如果不在这些爱的表达方式方面做出努力，爱的信息就无法被对方接收到。我在查普曼的五种语言基础上又增加了两种语言。虽然在他的书中，这五种爱语是针对两性的，但实际上我的七种语言中的六种完全适合于所有形式的关系。来看一看你能否找到你和身边人的爱语分别是什么。

1.肯定的言辞

喜欢这种表达方式的人想要听到这样的话语："我爱

你！""真棒！""你是最美的！""谢谢！"……还希望对方能够分享生活中遇到的事情以及他们的想法。

2.服务的行动

下班前的一通电话："亲爱的，今晚我去餐厅买比萨怎么样？给厨房放个假！"把门口和车上的雪清理掉，这样妻子就不用冻着手扫雪了；帮同事分担她认为大山一样高的文件，让她轻松一些，而不期望得到任何回报；为正在加班加点赶一个急活的团队点个餐；陪朋友一起去医院看病等。这些服务的行动不能用金钱去衡量，需要付出的是时间。

3.身体接触

对于喜欢这种爱语的人来说，身体接触是对方爱意的表达。一些人喜欢用充满爱意的接触来打招呼，表达谢意。这些身体接触是一种表达感谢和想要亲近的信号，是爱的证明。

4.准备礼物

一些人非常在意对方是否记得他的生日，并为他准备一份生日礼物。他们认为送礼物和对方对这段关系的重视程度有直接关系。在通常情况下，送的礼物越贵，他们会越高兴。当然，他们也会为对方精心准备礼物。

5.精心时刻

是指放下所有的事情，创造属于对方的专属时刻。不是出于责任或义务，也不是因为要过节或生日，而是单纯地为了在一起，腾出时间来享受美好时光。可以在河边野餐，也可以像过去那样在汽车电影院过夜，或者来一次不寻常的远足等。对于喜欢这种爱语的人来说，最重要的是选择和对方制造一段可以忘记自己的义务的时刻。

我在查普曼的五种语言基础上又增加了两种语言。

6.关注的眼神

艺术家都清楚粉丝崇拜的眼神是如何激发他们的热情的，对于恋爱的双方也是如此。在人群中用目光寻找对方，仿佛这个世界只有他们二人。从不看学生的老师（注意，监视和看之间有很大的区别）给学生的感觉是老师不重视他，而得到老师关注的学生则会积极参与课堂教学，展示他所学到的知识。向方案被老板否决的同事投以同情的目光，会让他觉得有人在乎他，他就不会感到那么孤独，也会更有勇气。

7.和谐的性生活

这种语言显然是为恋人准备的。对于选择这种爱语的人而言，只有身体的接触，没有性生活，他会深感不快，觉得对方不爱他。即使再多的礼物、多么精心的时刻或其他爱的语言都无法弥补这一点。

你是否发现你和与你在一起的人的爱语呢？了解对方喜欢的爱的表达方式可以保证你每次都能令对方心动。

你感觉很难找准对方最主要的爱语？可以试试按照相反的顺序，即先找出对方最不在乎的，再找出比较在乎的，最后找出最在乎的。了解哪些方面对对方而言毫无价值也是很有益处的，因为这样你就知道不必在哪里浪费时间了。

新鲜感的重要性

人是习惯性动物。当我们与他人的关系陷入老套习惯的疲态，关系舒适度最高也只能达到5～6级。人际关系活力被生活琐事消磨，是不可能产生魔力的，甚至可能导致双方感情变淡，乃至关系不断恶化。就像没有燃料燃烧，壶里的水就不能冒出蒸汽一样，我们也需要为人际关系注入新的活力。

可以参考下面的做法。

■ 父母趁着女儿安娜贝尔睡觉时悄悄地装饰她的房间，为她庆祝七周岁生日，这一夜他们兴奋得难以入睡，因为他们迫不及待地想看到女儿早上起床时的反应。第二天早上，小安娜贝尔一觉醒来，一屋子的气球、彩带、生日礼物……令她目不暇接，她高兴得大叫起来！这个早上令他们终生难忘。

■ 妻子和丈夫逛家居馆，她一眼就相中了一个漂亮的衣柜。谁知，丈夫坚决不同意买这个衣柜，尽管是由妻子出钱。妻子感到很惊讶，因为他通常不干涉自己的消费。她不想吵架，虽然很失望，还是同意不买了。第二天早上，当他们安静地吃着早餐，享受美好的星期天时，丈夫说要给她一个惊喜。只见他从车里抬出一个衣柜！原来丈夫昨天不让她买，是为了亲自送给她。她太感动了。对他来说，这只是家里的另一件物品，但他知道，对妻子来说，这是很珍贵的东西。这是一份最令她感动的礼物，即使是过了20年，依然如此。

■ 在旅行回来的前一天晚上，一位离异的母亲给孩子打电话，邀请他第二天晚上和她一起吃顿大餐。孩子同意了，他一直想去母亲经常光顾的一家非常好的餐馆吃饭。但是，当他们出发时，母亲却没有驾车往市里的方向开（餐馆都在市里），而是往森林的方向开，那边只有一个美丽、未开发的湖。她在湖边停车，打开汽车尾门，取出一张小餐桌、一块桌布、几根蜡烛，以及准备好的生火取暖的东西。母子俩共度了几个小时美妙的时光，聊得很开心。多年以后，这次野餐仍然是他们生命中最美好的时刻之一。

■ 为了激发值夜班的热情，一名护士提议下周一大家都穿蓝色的衣服。大家对这个计划兴奋不已，星期一早上他们身着新制服，一个接一个地走进病房。他们成了一个蓝色的团队，一个欢声笑语、团结友爱和活力满满的团队。

■ 在隔离期间，琳达为了给姑婆过101岁生日，将用比萨盒子做的生日海报和气球挂在姑婆房前的信箱上。她还联系了当地电视台，请他们来做一期关于百岁老人过生日的报道。姑婆从来都没有想过自己可以成为"大明星"！每每看

到自己的身影出现在电视上、照片出现在当地报纸的头版上，

她都忍不住笑出来。

创造魔力

创造魔力不仅仅会对我们与身边人之间的关系产生影响，还可以加强人与人之间的联系。如果你喜欢创造特别的时刻，那就为陌生人创造魔力吧！不必说出你是谁，只是为了好玩。相信你会大有收获！

这种投资模式有一个附加价值，一个非常重要的价值：对完全陌生的人做出慷慨和善意的举动，使我们更有人性，动物性随之降低，外交官能力得到提高。

你听说过裙带关系吗？指的是对亲属、小团体的偏袒。如松鼠会和家人分享贮藏在树洞里的坚果，但不会与相邻洞穴里的松鼠分享。从生物学角度看，裙带关系是针对家庭成员的利他主义。然而，这种利他主义实际上是一种机会主义，因为其他家庭成员携带与机会主义者相同的基因，通过帮助他们生存或壮大，可以使自己的基因更好地延续下去。因此，归根结底，裙带关系是一种变相的自私行为。

在我们的生存策略中，裙带关系的观念根深蒂固。裙带关

系不仅在动物种群中以不同程度存在，人类社会也是如此。例如，把家产留给自己的孩子；在重要岗位上，总是会优先考虑安排家庭成员；去医院免不了要排长队，但如果你在医院有熟人的话，就诊顺序就有可能从最后一个变为第一个。裙带关系在我们的社会是普遍存在的。

不计回报地给予陌生人帮助需要更高的境界。当我们这样做时，自身会发生改变，成为更好的自己。这些无偿的举动不同寻常，出人意料，这样的举动多多益善。毕竟，我们都在一个大家庭，他人幸福了，我们才能真正快乐。

这些举动就好比房间里开着的灯，虽然只有一个人开了灯，但房间里的所有人都得到了光亮。当我们给予他人帮助时，不仅他周围的人会因此受益，我们也会有所收获。

希望你能从下面的例子中受到启发。

■ 等红灯时，一个司机给了一个挨车乞讨的流浪汉20美元。流浪汉高兴地跳了起来，挥舞着手上的20美元，就像胜利者在展示他的奖杯一样。每个人都能感觉到这份礼物会给这个瘦弱、衣衫褴褛且身无分文的人的生活带来多大的影响。绿灯亮时，人们继续开往自己的目的地，但这个流浪汉的日子在接下来的几天里会好过些。他可以买些东西吃，甚至可以舒服地睡上一觉。当司机想到这个人时，嘴角会不自觉上扬，比中彩票还要高兴。

■ 路人看到一只走丢的小猫，猫脖子上戴着项圈，上面写着猫的名字（罗米）和猫主人的电话。他悄悄地走过去，把猫抓住并带回家，拨通了猫主人的电话。几分钟后，他们全家人都到了，七岁的女孩抱着小猫流着泪，但她还是没有忘记真诚地感谢这个人。这个小女孩的形象将长久地留在这位好心人的记忆中。

■ 在一个寒冷的冬日，一位老妇人的车突然打转，陷进雪堆里出不来了。两个路过的建筑工人看到了她，她在车里吓得发抖，好像要哭出来的样子。他们一边安慰她，一边拿出铁锹铲雪，终于把车从雪堆里推到了路上。老妇人想给他们钱，但是他们婉言谢绝了，让她快点回家并很热情地同她告别。他们知道自己在那一天做了一件好事，这就是他们最大的回报。

要想改变周围人的生活，我们稍微努力一下就可以做到了。而这些努力将成为一面镜子，照出了人性之美、慷慨和善良。

想象一下，如果你每周都能做出一件利他的事，你的生活将发生多大的改变！多少人会因为你的善举而重新审视这个世界，要知道，在此之前，他们认为人与人之间的关系淡漠、缺少人情味，而现在他们知道原来还可以交到朋友和盟友！

■ 我有一个朋友，他已经68岁了，生活富足，没有孩子。他经常去市政图书馆，喜欢往书里夹20美元的纸币，一个月放5张。他不知道谁会发现这笔钱，但他知道每次发现都会是一个充满魔力的时刻。他笑着回家，并发现自己常常在睡梦中微笑。

■ 大雪过后，一位退休的老人喜欢早起到街上为大家清扫汽车上的积雪。他称这是他的晨练，每日行一善。老人觉得能帮助别人，体现了自己的价值所在。想到可以为上班族在开始忙碌的一天之始带来一丝美好，老人就觉得很开心。几个小时后，当老人清理完积雪回到家中，他依然面带微笑，精力充沛。

在你创造出魔力的时候，不仅会让对方的眼睛里闪出惊喜的光芒，你也会得到更多的回报。

在日常生活中创造魔力的方法有很多。秘诀很简单：投入时间、注意力、精力。

虽然苹果树不能一直开花，但当看到树枝上绽放出粉红色、白色的花朵时，多么令人欣喜，多么赏心悦目啊！虽然为对方创造的幸福时刻也是有期限的，但就如同树木会随着时间的推移，长高、增粗，变得更结实，不容易受恶劣天气影响一样，日积月累，双方的关系也会发生质的飞跃。

◈ 结 语 ◈

　　我经常去我家附近的一个攀岩馆练习攀岩。在攀岩前，需要先看一段视频，学习如何使用自动保护装置或如何安全地双人攀登。同样，我梦想有一天，如果人们想要申请加入工作团队、班级甚至想要组建家庭，特别是夫妻打算生孩子的话，都必须先接受冲突管理培训。这样一来，每个人都会得到更好的保护！

　　冲突是不可避免的。CREERAS计划实际上就是一场自己与自己的抗争：拦截侵入生活的原始生存策略和影响人际关系的丛林法则，用自主思考代替条件反射。在人际交往中，可能会出现冲突，只有具备控制体内灵长类动物的反应方式，强化外交官的能力，才能使我们的情绪不受他人左右。

　　美国心理学家约翰·伦茨曾说过，迈出解决冲突第一步的勇气取决于我们的知识，知道该做什么以及该如何去做。我希望本书能够在这个方面帮到你，让你对自己的人际交往能力更加自信。正如面包烘焙需要一定的时间和温度一样，要想处理好人际关系也需要耐心、同理心和必要的技巧。真心希望大家都可以拥有良好的人际关系！